工学结合·基于工作过程导向的项目化创新系列教材

安装工程预算项目化教程

ANZHUANG
GONGCHENG YUSUAN
XIANGMUHUA JIAOCHENG

主　编　林秀华　陈冬梅
　　　　刘冬梅
副主编　孟国庆　韩永光
　　　　吕丹丹　王晓强
　　　　孙　舒

U0279426

华中科技大学出版社
http://www.hustp.com
中国·武汉

内 容 简 介

本书主要介绍建筑安装工程预算的编制方法。书中选取的工程实例主要包括建筑安装工程中最常用的 5 个专业的工程项目,分别为小区住宅给排水工程、单室车间采暖工程、宿舍电气照明工程、车间动力工程及住宅楼防雷接地工程,实例的选取紧密结合当前建筑行业实际。本书有如下两个主要特点。

(1) 内容组织编排新颖。书中内容顺序的编排颠覆了以往教材的传统方法,按照工程预算编制的实际工作顺序和过程来编排,每个实例按照工程识图、工程量计算规则及计算方法、定额的套用、费用的计取、工程造价的确定、预算编制说明的编写方法和主要内容等的顺序来进行讲解,同时还把每道程序分为不同的单元,每一步都配有详细的讲解和计算过程。一个专业项目学习完成后,读者就可以基本掌握该专业工程预算的编制方法和编制内容,非常实用。

(2) 项目化。本书以工程项目为载体,把学习内容、知识点融入预算编制过程中,把零散的不容易记忆的内容串联起来,初学者学习时容易上手。

本书适用于高职高专院校的工程造价专业、建筑工程专业、给排水工程专业等专业的学生使用,也可以作为其他培训机构的教学用书,工程造价人员的考证用书,以及其他相关专业技术人员的参考用书。

为了方便教学,本书还配有电子课件等教学资源包,可以登录"我们爱读书"网(www.ibook4us.com)浏览,任课教师可以发邮件至 husttujian@163.com 索取。

图书在版编目(CIP)数据

安装工程预算项目化教程/林秀华,陈冬梅,刘冬梅主编.—武汉:华中科技大学出版社,2015.5(2020.8 重印)
国家示范性高等职业教育土建类"十二五"规划教材
ISBN 978-7-5680-0849-5

Ⅰ.①安… Ⅱ.①林… ②陈… ③刘… Ⅲ.①建筑安装-建筑预算定额-高等职业教育-教材 Ⅳ.①TU723.3

中国版本图书馆 CIP 数据核字(2015)第 099660 号

安装工程预算项目化教程 　　　　　　　　　　　　　　林秀华　陈冬梅　刘冬梅　主编

策划编辑:康　序
责任编辑:张　琳
责任校对:张会军
责任监印:朱　玢
出版发行:华中科技大学出版社(中国·武汉)　　　　电话:(027)81321913
　　　　　武汉市东湖新技术开发区华工科技园　　　　邮编:430223
录　排:武汉三月禾文化传播有限公司
印　刷:武汉市籍缘印刷厂
开　本:787mm×1092mm　1/16
印　张:16.5
字　数:419 千字
版　次:2020 年 8 月第 1 版第 2 次印刷
定　价:38.00 元

前言

本书适用于采用"基于工作过程的项目化教学"的方法组织教学。书中内容力求紧密结合生产实际,选取建筑安装工程中用途最广、最常见的几个专业的工程实例,选编了小区给排水工程、单室采暖工程、宿舍电气照明工程、车间动力工程及住宅楼防雷接地工程五个工程项目,并配备了相应的专业工程图纸。通过对这几个实际工程预算的编制,把教学内容、主要知识点融入预算编制过程中,每个工程根据知识点的不同又分为不同的单元。书中每个项目后都附有该专业的一套完整的工程图纸,作为学习、提高的内容,供学生练习编制该专业工程预算。

本书中知识点的编排顺序模拟了工作场景和工作过程,将理论与实际操作相衔接,打破理论课、实验课的界限,将理论教学和实操教学融为一体,在实践中教理论,在运用中学技术。

安装工程实例预算的编制过程就是学生学习的过程。通过对实际工程预算的编制,使学生掌握工程预算的编制方法和编制步骤,熟悉常用专业安装工程工程量计算规则,掌握安装工程预算定额、费用定额等基本知识。本书着重培养学生的实践动手能力及解决问题的能力,为今后从事工程造价行业的工作打下基础,对学生职业能力培养和职业素养养成起主要支撑作用。

本书适用于高职高专院校的工程造价专业、建筑工程专业、给排水工程专业等专业的学生使用,也可以作为其他培训机构的教学用书,工程造价人员的考证用书,以及其他相关专业技术人员的参考用书。

本书由南京科技职业学院林秀华、武汉铁路职业技术学院陈冬梅、南京科技职业学院刘冬梅任主编,由中煤科工集团南京设计研究院孟国庆、重庆城市职业学院韩永光、山西旅游职业学院吕丹丹、鄂州职业大学王晓强、泰州职业技术学院孙舒任副主编。最后,由林秀华审核并统稿。

为了方便教学,本书还配有电子课件等教学资源包,可以登录"我们爱读书"网(www.ibook4us.com)浏览,任课教师可以发邮件至 husttujian@163.com 索取。

由于编者水平有限,书中难免有不足之处,欢迎读者批评指正。

编　者
2020 年 5 月

目录

———○ ○ ○

绪　论

1. 安装工程初步认识

建造过程包括土建工程和安装工程。下面以某学校的教学楼为例介绍建筑的建造过程,如图 0-0-1 所示。

首先进行的是土建工程施工,施工内容包括基础、梁、柱、楼板、墙体、地面、门、窗、内外墙抹灰等。土建工程完成后,该建筑还不能正常使用,如果要达到一定的使用功能,还需要对其进行安装工程施工。

安装工程包括给排水、配电照明、消防、防雷、通风空调等单位工程。

在图 0-0-2 中,可以看到通风管道、给排水管道、消防管道、配电线路等。

图 0-0-1　教学楼的建造过程

图 0-0-2　安装工程实例

2. 建设工程项目的划分

建设工程项目是按一个总体设计或初步设计进行建设的一个或多个单项工程的总体,如某工厂、某学校等都是一个建设项目。建设工程项目又可分为单项工程、单位工程、分部工程、分项工程。某教学楼建设项目的划分如图 0-0-3 所示。

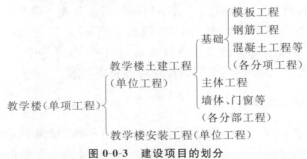

图 0-0-3　建设项目的划分

1）单项工程

单项工程一般指具有独立的设计文件，能独立组织施工，在竣工后可以独立发挥生产效益或生产能力的工程项目。例如：能独立生产的某个车间为生产性建设项目的单项工程；前面所介绍的某学校的教学楼，以及学生宿舍、图书馆等为非生产性建设项目的单项工程。

单项工程是建设项目的组成部分。

2）单位工程

单位工程是指具有独立的设计文件，能独立组织施工，竣工后能形成独立使用功能，但不可以独立发挥生产效益或生产能力的工程。例如，某教学楼中的土建工程、给排水工程、照明工程等。

单位工程是单项工程的组成部分。

3）分部工程

分部工程是单位工程的组成部分，它是指在单位工程中按照工程部位、材料和工艺的不同进一步划分出来的工程。例如：土建工程的基础工程、屋面工程、墙体工程等；给排水安装工程的管道工程等。

4）分项工程

分项工程是分部工程的组成部分，它一般按材料、施工工艺、设备类别等进行划分。分项工程是工程项目施工生产活动的基础，也是计量工程用工、用料、机械台班等消耗量的基本单元。

工程项目的建造是以单项工程为单位的，例如一座教学楼就是一个单项工程。而组织施工是以单位工程为单位的，工程造价的计价也是以单位工程为单位的，所以工程造价专业学生的专业课程的学习一般分为土建工程和安装工程两门课程。

二、安装工程预算的性质

1. 安装工程的定义和特点

1）安装工程的定义

安装工程是指按工程建设施工图纸和施工规范的规定，把各种设备放置并固定在一定地方，或将工程原材料经过加工并安置、装配而形成具有功能价值产品的工作过程。

安装工程一般是在土建工程完工之后进行（除需要预埋的部件外）。

2）安装工程的特点

安装工程所包含的内容广泛，涉及众多各不相同的工程专业。建筑行业中常见的安装工程有：电气设备安装工程，给排水、采暖、燃气工程，通风空调工程，工业管道工程，消防及安全防范设备安装工程等。这些安装工程按建设项目的划分原则，均属单位工程，它们具有单独的施工设计文件，并有独立的施工条件，是工程造价计算的完整对象。

2. 工程预算和安装工程预算的定义

工程预算是指在建设工程施工图阶段，即建设工程开工前，根据施工图、预算定额、施工现场条件及国家建设工程有关规定所编制的一种确定工程建设施工造价的技术经济文件。简单地说,工程预算是反映拟建工程经济效果的一种技术经济文件。工程预算是以单位工程为编制对象,以分部、分项工程划分项目,按相应的专业预算定额或市场价格来确定分部、分项工程项目的综合单价,按国家规定的计价程序确定造价的综合性预算。

工程预算通常有两种表现形式:一种是用货币数量反映的,称为造价预算;另一种是用人工、材料、机械台班数量反映的,称为实物预算。不论是造价预算还是实物预算都是在一定的技术条件下经济效果的反映。

例如,对于一套完整的工程施工图纸,工程预算就是反映拟完成本项工程所需花费的工程造价和人工、材料、机械台班等实物数量。不同的施工技术条件(如两个不同施工组织设计方案),就必然反映出不同的经济效果。由此可知,预算是技术与经济的统一,因为它是用文件形式表达的,所以称其为技术经济文件。因此,施工图预算的编制是一项政策性和技术性都很强的技术经济工作。

安装工程预算是指在建设工程施工图阶段,即安装工程开工前,根据安装工程施工图、安装工程预算定额、施工现场条件及国家建设工程有关规定,编制的一种确定安装工程施工造价的技术经济文件。

根据我国现行的基本建设规定,安装工程造价要按照一定的规则和程序,通过编制工程预算来确定。因此,工程预算又是确定安装工程造价的一种法定形式。

三、施工图预算的编制方法

无论是土建工程预算还是安装工程预算,其预算编制方法和步骤基本上是一样的。

1. 识读工程图纸

识读施工图不但要弄清施工图的内容,而且要对施工图进行审核,审核内容包括:图样间相关尺寸是否有误,设备与材料表上的规格、数量是否与图示相符,详图、说明、尺寸和其他符号是否正确等。

2. 计算工程量,编制工程量计算书

1)熟悉施工组织设计或施工方案

施工组织设计和施工方案是确定工程进度、施工方法、技术措施、现场平面布置等内容的文件,直接关系到定额的套用。

2)按施工图和工程施工组织设计或施工方案列项计算工程量

根据施工图和工程现场实际情况列项计算工程量,应按照国家计量规范规定的工程量计算规则进行计算,工程计量单位要与定额计量单位一致。计算工程量时必须严格按施工图表示尺寸进行计算,不能增大或缩小。

划分的工程项目,必须与定额规定的项目一致,这样才能正确地套用定额。不能重复列项多算,也不能漏项少算。

3. 汇总工程量,列出工程量横单

工程量全部计算完成后,要对工程项目和工程量进行整理,即合并同类项和按序排列,并列

出工程量横单。

4. 确定主要材料价格

通过多种途径调查主要材料市场价格,熟悉材料市场价格情况。

5. 计价

计算分部分项工程费用。

6. 确定工程造价

按计算费用程序计算工程措施项目费用、其他项目费用、规费、税金等费用,编制工程费用汇总表,进而确定工程造价。取费程序须按与定额相配套的费用定额来确定。

7. 编写工程预算造价书编制说明

工程预算造价书的编制说明应包括以下内容。
① 工程概况:主要包括工程所在位置、工程名称、工程规模(如工程面积、体积等)、工程结构类型、工程类别等。
② 编制依据。
③ 存在的问题及处理方法。
④ 计算各种经济指标。说明该工程的总造价、单方造价等,计算各种经济指标。
⑤ 其他事项。需要说明的其他事项。

8. 打印预算造价书封面

将预算造价书封面打印出来。

9. 预算造价书的自校、审核、签章

预算造价书编制完成后,要进行全面自检,检查完成后交给有关人员或上级领导审核,一般需要三级复核。对复核中检查出的问题要及时修改、完善。确定无误后,打印、装订并签章。

接下来,本书将通过五个不同专业的项目,讲解不同专业安装工程预算的编制方法。

项目 **1**

小区住宅给排水工程预算编制

单元 *1.1* 工程施工图识读

【能力目标】

能够读懂简单的给排水工程系统图、平面图,读懂图纸说明。

【知识目标】

掌握识读简单给排水工程施工图的方法。

项目 1 图纸见小区住宅给排水工程图,如图 1-1-1 至图 1-1-5 所示。

图纸设计施工说明如下。

(1)该住宅楼为框架结构,5 层,建筑面积为××××,图纸中只有一个单元。平面图中尺寸单位为 mm,系统图中尺寸单位为 m。

(2)本图纸为一栋住宅楼的给排水工程,每层两户厨卫室内的给排水管道安装位置相互对称,给排水系统图相似。

(3)管材及连接方式为:①给水管道采用镀锌钢管,螺纹连接;②排水管道采用铸铁管,承插连接,水泥接口。明装管道表面人工除轻锈后,先刷防锈漆一遍,后刷银粉漆两遍;埋地管道表面人工除轻锈后,先刷冷底子油一遍,后刷热沥青两遍。

(4)管道套管的设置情况分别如下。

① 给水立管穿过楼板及内墙时,应设套管。安装在楼板内的套管,采用钢套管,其顶部应高出装饰地面 20 mm;安装在卫生间内的钢套管,其顶部高出装饰地面 50 mm,底部应与楼板底面相平;套管、管道之间缝隙应用阻燃密实材料和防水油膏填实,端面光滑。

② 排水管穿过楼板不用套管,应预留孔洞,管道安装完后将孔洞严密捣实,立管周围应设置高出楼板面设计标高 10～20 mm 的阻水圈。排水管穿过内墙及基础时,应采用钢套管。

③ 给排水管道穿过外墙、屋面时,应采用刚性防水套管。

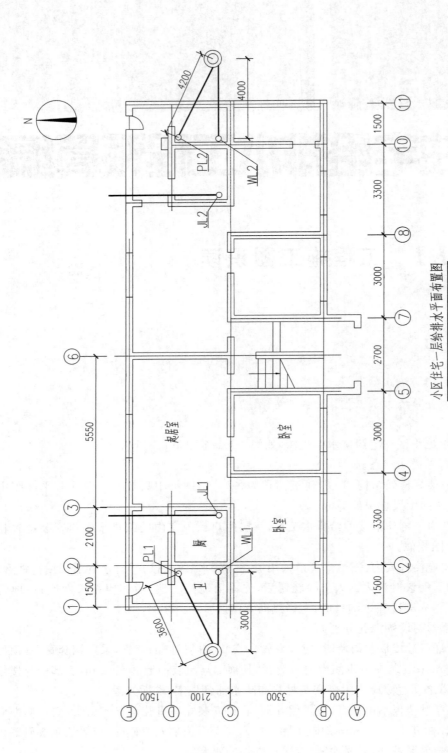

小区住宅一层给排水平面布置图

图1-1-1 小区住宅一层给排水平面布置图

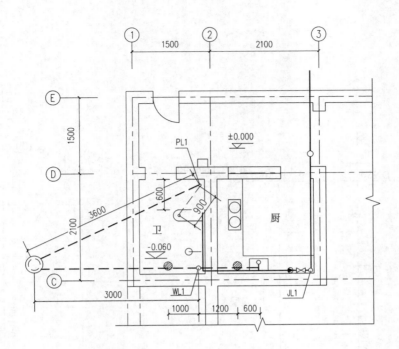

住宅厨卫给排水大样图

图 1-1-2　住宅厨卫给排水大样图

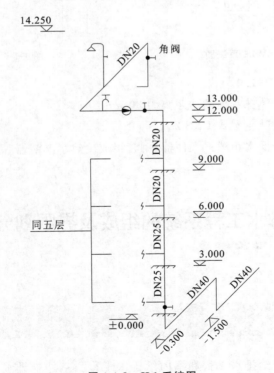

图 1-1-3　JL1 系统图

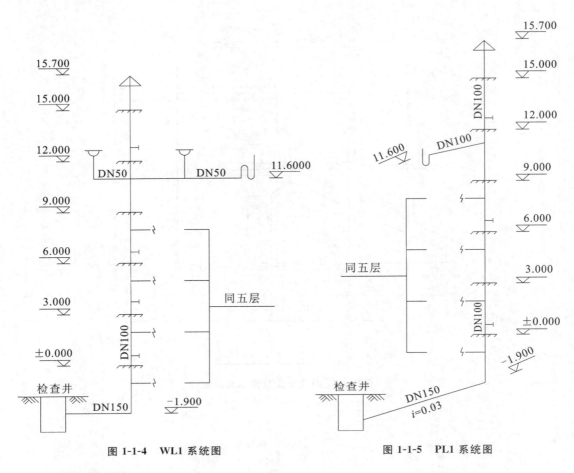

图 1-1-4　WL1 系统图　　　　　　图 1-1-5　PL1 系统图

（5）截止阀型号：J11T-1.0。

（6）管道外表面与墙体抹灰面的净距离为 30 mm。

（7）水表采用旋叶式叶轮湿式 LXS-20。

（8）卫生器具包括瓷低水箱蹲式大便器、钢管组成冷热水淋浴器、冷热水双嘴洗涤盆等。

任务 1　给排水工程系统的组成及界限划分

一、给排水工程系统的组成

给排水工程分为室外给排水工程和室内给排水工程。室外给排水工程又分为城镇给排水工程和庭院给排水工程。城镇给排水工程是指整个城镇的给水和排水管网，给水管网一般包括取水、净水、输水和配水;排水管网主要包括污水收集、处理和排放。庭院给排水工程是指一个居民小区、一个工厂、一所医院等的给排水系统,庭院给水系统是把城镇配水管网的水经庭院系统引入室内,供用户使用;庭院排水系统是把室内污水通过庭院排水管网排入城镇污水管网。

给排水系统由给水系统和排水系统组成。

1. 给水系统

给水系统可以是由江河一级泵房取水,送至过滤池、沉淀池、消毒池、净水池,再经二级泵房、加压等一系列处理,通过城市公用管网向用户供水的整个给水系统,也可以是一个小区或一个单位工程的局部给水系统。

给水方式有多种。例如,小区或厂区常采用水塔给水方式;某些城市公用设施或高层建筑采用有加压水泵的给水方式;有的建筑物采用储水池、水箱和水泵的给水方式等。

给水系统分为室外给水和室内给水两个系统。室内给水系统按供水对象不同可分为生产给水系统、生活给水系统、消防给水系统、组合给水系统等。组合给水系统包括生产和生活给水系统,生产和消防给水系统,生活和消防给水系统,生活、生产和消防共用的给水系统等。

2. 排水系统

排水系统可以是包括城市公用下水道的整个排水系统,也可以是一个小区或一个单位工程的局部排水系统,它分为室外排水和室内排水两个系统。室外排水系统包括城镇排水系统和庭院排水系统,由排水管网、窨井、污水泵站及污水处理和出口等部分组成。

二、给排水工程室内外管道界线划分

图 1-1-6 所示为给排水工程室内外管道界线划分图,图中包括的管道如下。

(1) 给水管道:室内给水管道、庭院给水管道、市政给水管道。

(2) 排水管道:室内排水管道、庭院排水管道、市政排水管道。

室内管道、庭院管道、市政管道分别属于不同的单位工程。

1. 给水管道

(1) 室内外给水管道界线:以建筑物外墙皮 1.5 m 为界,入口处设阀门则以阀门为界。

(2) 室外给水管道与市政给水管道界线:以水表井为界,无水表井则以与市政给水管道碰头点为界。

2. 排水管道

(1) 室内外排水管道界线:以出户第一个排水检查井为界。

(2) 室外排水管道与市政排水管道界线:以与市政排水管道碰头点为界。

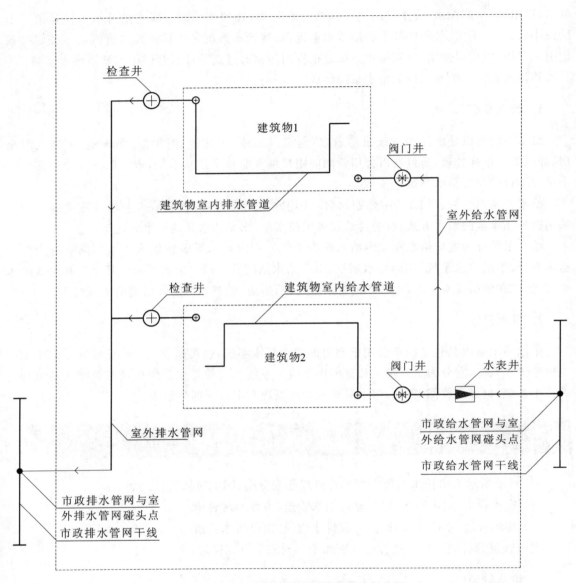

图 1-1-6　给排水工程室内外管道界线划分图

三、室内给排水系统组成

项目 1 的研究对象是室内给排水系统。

（一）室内给水系统的组成

以本工程图纸为例，室内给水系统的组成如图 1-1-7 所示。

图 1-1-7　室内给水系统的组成

（二）室内排水系统的组成

以本工程为例，室内排水系统的组成如下。

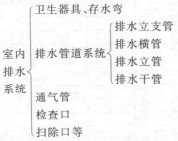

图 1-1-8　室内排水系统的组成

室内排水系统分为污废水排水系统和屋面雨水排水系统两大类。

任务 2　识读施工图

一、给排水、采暖工程常用图例

参照图 1-1-9 中列出的给排水、采暖工程常用图例，识读项目 1 图纸。

二、管道尺寸标注法

1. 水平方向

管道水平方向的尺寸标注与建筑图纸的轴间距的尺寸标注方法相同。

2. 垂直方向

管道垂直方向的尺寸标注一般采用管道标高表示。

图　例	名　称	图　例	名　称
管道：		⊢—×—⊣	固定支架
	给水引入管	平面 系统	方形地漏
	污水出户管		减压孔板
	雨水出户管		金属软管
	废水出户管		
		管道连接：	
阀门：			法兰连接
	闸阀		承插连接
	蝶阀		活接头
	截止阀DN>50		管堵
	截止阀DN<50		法兰堵盖
	止回阀		管道弯转
	消音止回阀		管道丁字上接
	超压泄压阀		管道丁字下接
	电动阀		三通连接
	电磁阀		四通连接
	温度调节阀		管道交叉
	减压阀		
	安全阀	**管件：**	
平面 系统	浮球阀	平面 系统	偏心异径管
	液压浮球阀		异径管
平面 系统	自动排气阀		乙字管（弯曲管）
	延时自闭冲洗阀		承插弯头
	压力调节阀		S形存水弯
	角阀		P形存水弯
	吸气阀		浴盆排水件
	持压阀		
	流量平衡阀	**卫生洁具：**	
	管道倒流防止器		浴　盆
			洗脸盆（立式，墙挂式）
给水配件：			洗脸盆（台式）
平面 系统	脚踏开关		坐式大便器
	洒水拴		立式小便器
平面 系统	水龙头		壁挂式小便器
平面 系统	皮带水龙头（洗衣机龙头）		蹲式大便器
	旋转水龙头		妇女卫生盆
	浴盆带软管喷头混合水龙头	平面 系统	自动冲洗水箱
	肘开关	平面 系统	淋浴喷头
	大便器感应式冲洗阀		洗涤盆（池）
	小便器感应式冲洗阀		洗涤槽
	蹲便器脚踏开关		洗涤盆，化验盆
	淋浴器脚踏开关		污水池
			盥洗槽
管道附件：		**给水排水设备：**	
	套管伸缩器	平面 系统	立式水泵
	波纹伸缩器	平面 系统	卧式水泵
	可曲挠橡胶接头		户用水表
	立管检查口		
平面 系统	清扫口	**仪表：**	
↑	通气帽		温度计
平面 系统	圆形地漏		压力表
平面 系统	排水漏斗		
	刚性防水套管		
	柔性防水套管		

图 1-1-9　水暖工程常用图例

管道的标高符号一般标在垂直方向管道的起点或终点,标高数字对于采暖、给水、煤气管道常指管道中心处的相对±0.000的高度,对于排水管道常指管道内底的相对标高。

标高如图1-1-10所示,单位为m。

3. 坡度

坡度符号可标注在管线的上方或下方,箭头所指的一端是管线的低端,坡度符号如图1-1-11所示。

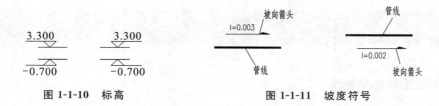

图 1-1-10　标高　　　　　　　　　图 1-1-11　坡度符号

三、给排水工程图纸的识读方法

1. 阅读施工说明、熟悉图例

参照图1-1-9所示的图例识读项目1图纸,看施工说明。

2. 平面图的识读

平面图详细表示了水平管道的管径、坡度、定位尺寸及标高等内容,是施工的主要依据。平面图中因比例限制不能表示清楚的部分,如卫生间、水池、水泵房、水箱间、热交换间、各种水处理间、冷却塔布置等给排水内容较复杂处,另画大样图。

3. 系统图的识读

系统图一般是以轴测图(又名透视图)的形式来表示。系统图可以表示管道在三维立体空间的走向和布置。

1)系统图的主要功能

(1)配合平面图来反映并规定整个系统的管道及设备连接状况,指导施工。例如:立管的设计、各层横管与立管及给排水点的连接、设备及器件的设计及其在系统中所处的环节等。

(2)反映系统的工艺及原理。整个系统设计是否正确、合理、先进,都反映在系统图上。

(3)反映在平面图中难以表示清楚的内容。

2)系统图的表示方法

一般来说,管道在三维立体空间各个方向的表示方法如下。

东西方向:东西方向上,用水平直线表示。

南北方向:用45°斜线表示。

垂直方向:用垂直直线表示。

4. 系统图与平面图相互对照

通常从室内外管道分界线开始识读进入建筑物的室内管道图纸。系统图中的每一段管道，在平面图中都可以找到其相对应的管道位置。一般来说，系统图中东西方向走向的管道，与平面图中管道的走向相同；而系统图中用45°斜线表示的管道，在平面图中就是南北方向走向的管道；系统图中垂直方向走向的管道，在平面图中是无法表示的，只能看到其在平面图中的水平投影——空心圆。

四、实践环节　练习识读项目 1 图纸

1. 看住宅给排水平面图

由图 1-1-1 中可以看出，该住宅楼一个单元每层有两户，给水管道分别为 PL1 和 PL2，从北边外墙外分别进入到左右各户。排水管道 PL1 和 WL1 系统排入室外左边检查井，排水管道 PL2 和 WL2 系统排入室外右边检查井。

2. 看住宅给排水大样图

由图 1-1-2 可以看出，该给排水大样图其实是把住宅楼其中一户的卫生间和厨房的平面图放大了，这样能更清楚地看到给水、排水管道在平面中的布置情况。

看图时需要把该平面图与系统图对应起来看，然后按系统逐一分析。

1) JL1 系统图

JL1 系统图为给水管道系统图，JL2 系统与 JL1 系统相互对称，供水顺序是由供水干管到供水支管。JL1 系统详细解释如下。

在标高为 -1.5 m 的地下，从室外供水管网中分出管径为 DN40 的镀锌钢管作为室内供水引入管，从北向南在水平方向沿着建筑物③轴左侧，穿过建筑物 E 轴基础进入室内，在靠近 D 轴处，管道从标高 -1.5 m 的地下抬高到 -0.3 m，在平面大样图中，这段垂直方向的立管是用靠近 D 轴的一个圆圈表示的。管道标高抬高后，在地面下 -0.3 m 深度的水平方向继续向南穿过 D 轴基础到达厨房内，在地面下敷设至 C 轴内侧，管道由水平方向改为垂直方向向上露出地面，这段管道也可称为给水干管。露出地面的垂直方向的管道为给水立管，该立管从标高 -0.3 m 处一直到达住宅楼的最顶层第五层。再看平面大样图，在此图中，③轴与 C 轴相交处附近的一个圆圈即表示系统图中的给水立管。

在每层距离楼面 1 m 的位置，从给水立管的每层三通处接出水平支管。

每层的水平支管的平面布置是一样的，因此系统图中只给出了其中第五层的管道走向布置图，其余各层管道布置标出"同五层"，不再画出同样的管道走向布置图。

从第五层的管道走向布置中可看出：水平支管是从给水立管中接出的，第五层的水平支管距离第五层的楼面 1 m。因为第五层的楼面标高为 12 m，而水平支管的标高为 13 m。支管在水平方向先由右向左布置，这段管道在平面大样图中，是沿着 C 轴内侧从东向西布置，穿过②轴墙体，然后沿着②轴墙体左侧向北布置。对比系统图，这段管道在系统图中是以 45°斜线表示的。

在水平支管上,从东向西布置了截止阀、水表,继续向西,在水槽上方有一个水龙头。

在从南到北的这段支管上,布置了一个淋浴器,再向北,布置了一个大便器供水管的截止阀(角阀)。

由此可以看出,系统图和平面图一定需配合起来看,才能表达得比较清楚。

2) WL1 系统图

WL1 系统图(见图 1-1-4)为污水排水管道系统图,WL2 系统与 WL1 系统相互对称,排水顺序与供水管道相反,是由支管到干管的。WL1 系统详细分析如下。

每层的水平排水支管的平面布置是一样的,因此系统图中只给出了第五层的管道走向布置图,其余各层管道布置标出"同五层",不再画出同样的管道走向布置图。

从第五层的管道走向布置中可看出:系统中有 3 个排水器具、2 个地漏和 1 个水槽。2 个地漏下面各有 1 个排水立支管,水槽下的排水立支管上有 1 个 U 形存水弯。3 个立支管分别与排水横管连接。3 个立支管与排水横管的管径皆为 DN50。第五层的排水横管距离第五层的楼面下面 0.4 m。因为第五层的楼面标高为 12 m,而排水横管的标高为 11.6 m。

排水的水流方向:右侧的地漏和水槽中的污水从右向左沿排水横管流入排水立管中;左侧的地漏中的污水是从左向右沿排水横管流入排水立管中。

在平面大样图中,排水横管是用虚线表示的。厨房内的排水横管是沿着 C 轴内侧从东向西流动,穿过②轴墙体,流入排水立管。卫生间的排水横管是沿着 C 轴内侧从西向东流动,流入排水立管。

②轴与 C 轴交叉处左侧的圆圈表示垂直方向的排水立管。排水立管管径皆为 DN100。

污水通过排水立管集中流到排水干管。地面下面 -0.4 m 处三通下面的管道即为垂直排水干管,在标高为 -1.9 m 处转为水平排水干管,排水干管管径为 DN150。污水通过排水干管流入室外检查井。

在排水立管上,每层都安装了检查口。排水立管穿过屋面露出室外,在最顶端有一个通气帽。排水立管管道露出屋面是为了把排水管道内聚集的臭气排到室外,通气帽的作用是防止雨水等异物进入排水立管内。

3) PL1 系统图

PL1 系统图(见图 1-1-5)为污水排水管道系统图,PL2 分析系统与 PL1 系统相互对称,排水顺序与供水管道相反,顺序为支管到干管。PL1 系统详细分析如下。

每层的水平排水支管的平面布置是一样的,因此系统图中只给出了第五层的管道走向布置图,其余各层管道布置标出"同五层",不再画出同样的管道走向布置图。

从第五层的管道走向布置中可看出系统中只有 1 个排水器具,蹲式大便器。蹲式大便器下有 1 个排水立支管,排水立支管上有 1 个 P 形存水弯。1 个立支管与排水横管连接。立支管与排水横管管径皆为 DN10。第五层的排水横管距离第五层的楼面下面 0.4 m。因为第五层的楼面标高为 12 m,而排水横管的标高为 11.6 m。

排水的水流方向:左侧地漏中的污水是从左向右沿排水横管流入排水立管中。

在平面大样图中,排水横管是用虚线表示的。厨房内的排水横管是从蹲式大便器下方斜着流入②轴和 D 轴相交处的排水立管。②轴与 D 轴相交处左侧的圆圈表示垂直方向的排水立管。排水立管管径皆为 DN100。

污水通过排水立管集中流到排水干管。地面下面－0.4 m处三通下面的管道即为垂直排水干管,在标高为－1.9 m处转为水平排水干管,排水干管管径为DN150。污水通过排水干管流入室外检查井。

在排水立管上,每层都安装了检查口。排水立管穿过屋面露出室外,在最顶端有一个通气帽。排水立管管道露出屋面是为了把排水管道内聚集的臭气排到室外,通气帽的作用是防止雨水等异物进入排水立管内。

单元 1.2 水暖安装工程基础知识及管道安装工程量计算

【能力目标】

能够根据《全国统一安装工程预算工程量计算规则》计算给排水管道工程的工程量。

【知识目标】

①掌握给排水工程管道中常见的管道材料、管道连接方式等基础知识。

②掌握给排水工程管道工程量的计算规则。

任务 1 水暖安装工程常用材料

一、几种常用管道材料

工程中常用的管道材料有无缝钢管、焊接钢管、铸铁管、塑料管、铝塑复合管、钢塑复合管等。

1. 无缝钢管

(1)用途:可承受高温、高压,用于输送高压蒸汽、高温热水等介质,如锅炉热水管。

(2)管道直径规格的表示方法为"外径×壁厚",如 $\phi 108 \times 4$。

(3)常用规格:按生产工艺的不同可分为冷拔无缝钢管和热轧无缝钢管。

冷拔无缝钢管直径为 5～200 mm,壁厚为 0.25～14 mm。

热轧无缝钢管直径为 32～630 mm,壁厚为 2.5～75 mm。

2. 焊接钢管

焊接钢管也称为低压流体输送用管道,由钢板焊接而成。

(1)用途:因管壁有焊缝,所以不能承受高压,一般用于 $p \leqslant 2.0$ MPa 的管道。根据焊缝形状可分为直缝和螺旋缝,具体特点和用途如下。

① 直缝焊接钢管:一般用于 $p \leqslant 1.6$ MPa 低压流体输送,按管壁是否镀锌分为黑铁管、白铁管。黑铁管不镀锌,易生锈,用于非饮用水管;白铁管镀锌,不易生锈,用于给水管。

② 螺旋缝焊接钢管:一般用于 $p \leqslant 2.0$ MPa 室外煤气、天然气管道输送,如西气东输工程中所用管道。

(2)管道直径规格表示方法。

① 直缝焊接钢管用"公称直径"表示,如 DN25。

② 螺旋缝焊接钢管用"外径×壁厚"表示,如 $\phi 108 \times 4$。

(3)常用表示符号。

① RC 表示穿水煤气管敷设。

② SC 表示穿钢管敷设。

③ PC 表示穿 PVC 塑料管敷设。

④ TC 表示穿电线管敷设。

3. 铸铁管

铸铁管又称为生铁管,是用铸铁浇铸成形的管子,自重大。按用途铸铁管可分为给水、排水铸铁管等。

(1)用途和接口方式。

① 给水铸铁管。按材质又可分为灰口铸铁管(见图 1-2-1)和球墨铸铁管(见图 1-2-2)。主要用于室外给水和煤气输送等。给水铸铁管接口为承插式、法兰式。

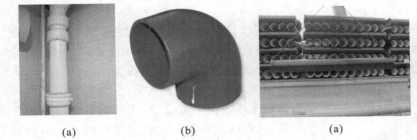

(a)　　　　　　　　(b)　　　　　　　　　　　(a)　　　　　　　　　　　(b)

图 1-2-1　灰口铸铁管(室内排水用)　　　　　　图 1-2-2　球墨铸铁管

② 排水铸铁管。其中,灰口铸铁管主要适用于室内排水管,现在已逐渐被淘汰,被塑料管代替。排水铸铁管接口为承插式。

(2)管道直径规格表示方法。

管道直径规格通常用公称直径表示,如 DN50。

(3)铸铁管连接方式一般采用承插连接(见图 1-2-3)。

图 1-2-3　铸铁管承插连接

4. 塑料管

塑料管管道直径规格表示方法用管道外径 De 表示,常采用热熔连接方式。常用的塑料管有如下几种。

(1)聚氯乙烯(PVC)管:常用的 PVC 管又分为软 PVC 管和硬 PVC(又称 UPVC)管,UPVC 管主要适用于电线保护管和排污管道。

(2)聚丙烯(PPR)管:主要用于室内给水管道。既可以用于冷水管,也可以用于热水管。

(3)聚乙烯(PE)管(见图 1-2-4):被广泛应用于建筑给排水,埋地排水管,建筑采暖,城市供水,城市燃气供应,农田灌溉,电工与电讯保护套管、工业用管、农业用管等。PE 管主要用于市政管道,其中给水管和燃气管是两个最大的应用市场。

5. 铝塑复合管

铝塑复合管(见图 1-2-5)的构造为:焊接铝管为中间层,内外层为塑料,由专用热熔胶挤压形成。它常应用于室内给水管。管道直径用公称直径表示。

(a)

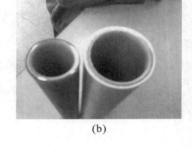
(b)

图 1-2-4 聚乙烯(PE)管

图 1-2-5 铝塑复合管

6. 钢塑复合管

钢塑复合管(见图 1-2-6)是一种新型的复合管管材,是以无缝钢管、焊接钢管为基管,内壁涂装高附着力、防腐、食品级卫生型的聚乙烯粉末涂料或环氧树脂涂料,采用前处理、预热、内涂装、流平、后处理工艺制成的给水镀锌内涂塑复合钢管,是传统镀锌管的升级型产品。

高密度聚乙烯
或交联聚乙烯

黏合剂

钢管

黏合剂

高密度聚乙烯
或交联聚乙烯

图 1-2-6 钢塑复合管

钢塑复合管有很多分类,根据管材的结构可分为钢带增强钢塑复合管、无缝钢管增强钢塑复合管、孔网钢带钢塑复合管及钢丝网骨架钢塑复合管。当前,市面上最流行的是钢带增强钢塑复合管,也就是我们常说的钢塑复合压力管,这种管材中间层为高碳钢带通过卷曲成形对接焊接而成的钢带层,内外层均为高密度聚乙烯(HDPE)。这种管材中间层为钢带,所以管材承压性能非常好,不同于铝带承压不高,管材最大口径只能做到 63 mm,钢塑管的最大口径可为 200 mm,甚至更大;由于管材中间层的钢带是密闭的,所以这种钢塑管同时具有阻氧作用,可直接用于直饮水工程,而其内外层又是塑料材质,具有非常好的耐腐蚀性。由于具有很好的性能,使得钢塑复合管的用途非常广泛,在石油运输、天然气输送、工矿用管、饮水管、排水管等各种领域均可使用。

钢塑复合管一般用螺纹连接。其管道直径用公称直径 DN(mm)表示。

二、管道连接方式

管道连接方式一般在图纸说明中有文字说明,常用连接方式有以下几种。

1. 螺纹连接

螺纹连接也称为丝扣连接,适用于镀锌钢管及焊接钢管。

2. 焊接连接

焊接连接采用氧乙炔焊或电弧焊,适用于焊接钢管、无缝钢管,不适用于镀锌钢管。

3. 承插连接

承插连接管端设有承插口,铸铁管宜用承插式接口,有油麻石棉水泥、橡胶圈石棉水泥、橡胶圈水泥砂浆、油麻青铅和自应力水泥砂浆接口作连接密封。

(1)给水铸铁管通常采用油麻石棉水泥接口作连接密封。油麻石棉水泥接口是一种常用的接口形式,在 2.0～2.5 MPa 压力下能保持严密性。

(2)橡胶圈石棉水泥接口采用橡胶圈(1 至 2 个)代替油麻辫条,橡胶圈适用于直径大于 300 mm 的管道。

(3)橡胶圈水泥砂浆接口是用水泥砂浆代替石棉水泥封口,可用于直径小于 200 mm 的小口径管道。

(4)油麻青铅接口承受震动和弯曲的性能较好,一般仅在管道抢修、新旧管道的连接、防止基础沉陷、防震等特殊管道工程中才采用。

(5)自应力(膨胀)水泥砂浆接口具有较强的水密性。

4. 法兰连接

法兰连接就是把两个管道、管件或器材,先各自固定在一个法兰盘上,然后在两个法兰盘之间加上法兰垫,最后用螺栓将两个法兰盘拉紧使其紧密结合的一种可拆卸的接头。法兰与管道、管件或器材的连接又分为螺纹法兰连接和焊接法兰连接。

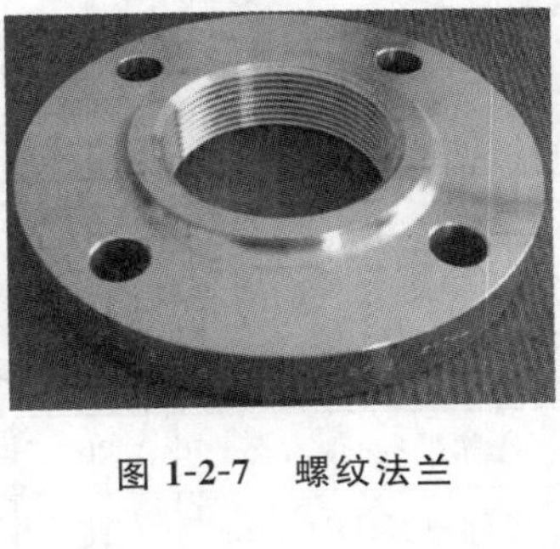

螺纹法兰(见图 1-2-7)连接是将法兰的内孔加工成管螺纹,并和带螺纹的管道配套实现连接,是一种非焊接法兰。焊接法兰连接就是法兰与管道、管件或器材的连接采用焊接的方式。

法兰是一种在一定压力范围内可保持密封作用、可拆的连接件。其优点是密封性能好、拆卸安装方便、结合强度高,缺点是耗钢材多、价格昂贵、成本高。一般法兰用于经常拆卸部位,如简体与封头设备上接管口、大口径管道间和管道之间的连接。法兰连接是由一对法兰、数个螺栓、螺母、垫圈和一个垫片组成。

图 1-2-7　螺纹法兰

常见的管道连接方式主要有螺纹连接(见图 1-2-8)、焊接连接(见图 1-2-9)、承插连接(见

图 1-2-10)和法兰连接(见图 1-2-11)。

图 1-2-8　螺纹连接　　图 1-2-9　焊接连接　　图 1-2-10　承插连接　　图 1-2-11　法兰连接

5. 热熔连接

热熔连接广泛应用于 PB 管、PE-RT 管等新型管材的连接,具有连接简便、使用年限久、不易腐蚀等优点。

三、管道与管道附件的公称通径标准

一般来说,管道直径分为外径、内径,为了使管道与管道附件(管件、阀门)等相互连接时尺寸统一,设计、制造、安装时方便,人为地规定了一种尺寸标准,称为公称直径。公称直径也称为公称通径,是管道(或管件)的规格名称,用 DN 表示。公称直径既不是外径,也不是内径。

公称直径常用尺寸有 15 mm、20 mm、25 mm、32 mm、40 mm、50 mm、65 mm、80 mm、100 mm、125 mm、150 mm、200 mm、250 mm、300 mm、350 mm、400 mm、450 mm、500 mm、600 mm 等。

对采用螺纹连接的管道,公称直径习惯上也用英制螺纹尺寸(in)表示,公称直径尺寸与管螺纹尺寸对照表如表 1-2-1 所示。

表 1-2-1　公称直径尺寸与管螺纹尺寸对照表

mm	in	mm	in	mm	in	mm	in
15	1/2	20	3/4	25	1	32	5/4
40	3/2	50	2	65	5/2	80	3
100	4	150	6	200	8	250	10

塑料管常用公称外径用 De 表示,外径与公称直径 DN 对照如表 1-2-2 所示。

表 1-2-2　塑料管公称外径与公称直径对照表

公称外径 De/mm	20	25	32	40	50	63	75	90	110
公称直径 DN/mm	15	20	25	32	40	50	65	80	100
英制直径/in	1/2	3/4	1	5/4	3/2	2	5/2	3	4

四、管道与管道附件的公称压力与试验压力标准

介质工作温度在 0 ℃时制品所允许承受的工作压力为该制品的耐压强度标准,称为公称压力,用符号 Pg 表示,如 Pg1.6 表示公称压力为 1.6 kgf/cm² (即 0.16 MPa)。管道与管道附件在出厂前必须进行压力试验,检查其强度与密封性。对产品进行强度试验,测试其承受压力,称为试验压力,用符号 Ps 表示,如试验压力为 10 kgf/cm² (即 1 MPa)则用 Ps10 表示。公称压力或试验压力的法定计量单位为帕斯卡(Pa),还有千帕(kPa)、兆帕(MPa)。压力计量单位的换算如下:

$$1 \text{ kgf/cm}^2 = 98\ 066.5 \text{ Pa}, \quad 1 \text{ MPa} = 10 \text{ kgf/cm}^2$$

管道公称压力等级的划分是按《工业金属管道工程施工规范》(GB 50235—2010)确定的。

① 低压管道:$0 < p \leqslant 1.6$ MPa,民用给排水管道属于低压管道,管道介质设计压力为 $0 < p \leqslant 1.6$ MPa。

② 中压管道:1.6 MPa $< p \leqslant 10$ MPa。

③ 高压管道:10 MPa $< p \leqslant 42$ MPa。

④ 蒸汽管道:$p \geqslant 9$ MPa,工作温度不低于 500 ℃时为高压。

五、管件

管件是管道的接头零件,可归纳为以下类型。

(1) 连接管件,如管箍(用于同径管连接)、活接头(用于需拆卸管道的连接)等。

(2) 变径管件,如大小头、补芯,用于不同管径的连接。

(3) 改向管件,如各种不同角度的弯头,用于改变管道走向。

(4) 分支管件,如正斜三通、四通及各种承通管件和盘通管等,用于管道分流。

(5) 清通管件,如检查口、清扫口等,用于管道清通。

图 1-2-12 管件

任务 2 管道的安装

为什么要学习管道安装的知识呢?因为安装的每一步骤都需要费用,做预算时都要计入工程造价。

管道的安装步骤如下。

1. 管道连接

前面已学习过，管道的连接方式一般有螺纹连接、焊接连接、法兰连接、承插连接、热熔连接五种连接方法。一般在工程图纸的总设计说明中会详细说明管道的连接方式。

按照管道安装规范的规定，当管径≤32 mm时，管道外表面与墙体抹灰面净距离为25～35 mm；当管径＞32 mm时，管道外表面与墙体抹灰面净距离为30～50 mm。

2. 管道防腐

对于焊接钢管，在管道安装完毕后要进行防腐处理，一般采用对管道外表面除锈、刷油的方法进行防腐处理。比如，先刷防锈漆一道，再刷银粉漆一道或二道。通常，在工程图纸的总设计说明中会详细说明管道的防腐处理要求。

一般镀锌钢管不需要刷油，除非工程有特殊要求，塑料管也不需要进行刷油防腐处理。

3. 管道保温

对于热水管道、蒸汽管道、有防冻要求的给水管道需采取保温措施，在管道外包裹保温材料。对需要保温的管道，一般在工程图纸的总设计说明中会详细说明采用何种保温材料及保温厚度等要求。

4. 管道冲洗

对于水、暖、煤气管道，设计说明中一般没有要求，但按照施工规范，一般在管道施工完成后应进行冲洗，清除在施工时管道内产生的焊渣等杂物。不同用途的管道，管道冲洗的方法也不尽相同。水、暖管道一般用水进行冲洗，煤气管道用压缩空气进行吹洗。对于给水管道，还需要进行消毒处理。

5. 管道试压

管道安装完毕后应做水压试验。在试验压力下进行外观检查，应达到不渗不漏的标准。

任务 3 管道安装工程量计算

一、工程量计算规则简介

管道安装工程量计算规则可参考《全国统一安装工程预算工程量计算规则》，具体如下。

各种管道应区分不同材质、不同连接方式、不同管径，分别按施工图所示管道中心线以"m"为计算单位，计算管道延长米长度，不扣除阀门、管件（包括减压阀、疏水器、水表、伸缩器等成组安装的附件)所占的长度,如图 1-2-13 所示。

这里说的管件,一般是指弯头、三通、四通、管箍、补芯、丝堵、活接头等,在排水管道的工程量计算中,存水弯也可视同管件,一起计入管道的延长米中。

准确计算管道长度的关键是找准管道变径的位置,管道变径常在管道的分支处和交叉处,弯头处较少。

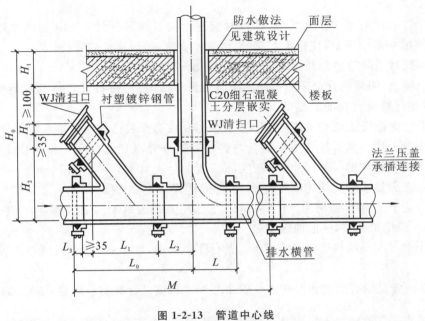

图 1-2-13　管道中心线

二、管道工程量计算方法

1. 水平管道计算

水平管道的计算应根据施工平面图上标注的尺寸进行,但安装工程施工平面图中的尺寸通常不是逐段标注的,所以实际工作中都利用比例数据进行计量。

2. 垂直管道计算

垂直管道的计算一般按系统图、立面图等图中标高尺寸配合计算。

三、计算工程量时应注意的内容

1. 给水管道

给水管道工程量计算的一般顺序是:从入口处算起,先入户管、主干管,后支管。

（1）正确划分室内外给水管道的界线，正确划分卫生器具安装时与管道工程量计算的分界线。

（2）将不同材质的管道分开计算，以便套用定额子目。

（3）对于埋地、明装的管道采用不同的防腐处理方法时，应将各种管材的管道按埋地、明装分开计算，以便计算防腐刷油工程量。

2. 排水管道

一般一个工程中有多个排水系统，计算时应逐个按系统分开计算。在每个系统中，排水管道工程量计算的一般顺序是：先排水立支管，再排水横管，最后排水立管。

（1）将不同材质的管道分开计算，以便套用定额子目。

（2）对于埋地、明装的管道采用不同的防腐处理方法时，应将各种管材的管道按埋地、明装分开计算，以便计算防腐刷油工程量。

（3）排水立支管长度是卫生器具下除了卫生器具成套安装已包括的排水管部分（如存水弯）所剩余的短支管长度。其长度按卫生器具与排水管道分界点处的标高与排水横支管标高的差计算。当施工图所标注的尺寸不全时，按实际安装的情况计算，一般可按 400～500 mm 计算。无论卫生器具下面排水管道使用哪种存水弯，都应计算立支管长度。

存水弯分为 P 型和 S 型两种。P 型一般用于二层及二层以上的卫生器具，可缩短排水横管的安装高度；S 型用于底层，一般埋地安装。

有些卫生器具本身的构造中已有水封，就不设存水弯，如坐式大便器、新型蹲便器、有水封地漏等。

（4）排水横管是横管的起点至排水立管中心线的长度。计算时应注意变径点的位置。

四、实践环节　计算项目1中管道工程量

工程量计算一般使用计算表，计算过程应注意条理性，对所计算内容尽量要有文字标识，便于自我检查、相互检查。计算完成后便形成工程量决算书。以项目 1 中的管道工程量计算为例，工程量计算书中的计算过程和格式见表 1-2-3。

表 1-2-3　工程量计算书

序号	工程名称	单位	数量	计算公式
一	管道计算			
	JL1			
1	镀锌钢管螺纹连接 DN40（埋地部分）	m	7.57	水平：1.5（外墙皮外）＋0.24＋1.5＋（2.1－0.24）－0.03＝5.07 垂直：(1.5－0.3)＋（1（楼面至水平支管）＋0.3)＝2.5
2	镀锌钢管螺纹连接 DN25	m	6	垂直：6
3	镀锌钢管螺纹连接 DN20	m	22.65	垂直：(6＋1)－1＝6 水平：[2.1＋(2.1－0.24－0.03－0.6)]×5＝16.65

序号	工 程 名 称	单位	数量	计 算 公 式
	JL2,同 JL1			
	汇总			
	镀锌钢管 DN40	m	15.14	$7.57 \times 2 = 15.14$
	镀锌钢管 DN25	m	12	$6 \times 2 = 12$
	镀锌钢管 DN20	m	45.3	$22.65 \times 2 = 45.3$
	PL1			
1	铸铁排水管 DN150	m	5.1	水平:3.6 垂直:1.9−0.4(楼板至排水横管(12−11.6))= 1.5
2	铸铁排水管 DN100	m	22.6	水平:0.9(平面大样图)×5(层)=4.5 垂直:(15.7+0.4)+ 0.4(1个立支管)×5 = 18.1
	PL2			
1	铸铁排水管 DN150	m	5.7	水平:4.2 垂直:1.9−0.4=1.5
2	铸铁排水管 DN100	m	22.6	水平:0.9×5 =4.5 垂直:(15.7+0.4)+ 0.4×5=18.1
	WL1			
1	铸铁排水管 DN150	m	4.5	水平:3 垂直:1.9−0.4=1.5
2	铸铁排水管 DN100	m	16.1	垂直:15.7+0.4=16.1
3	铸铁排水管 DN50	m	20	水平:(1.8+1)×5=14 垂直:(0.4+0.4+0.4)(3个立支管)×5=6
	WL2			
1	铸铁排水管 DN150	m	5.5	水平:4 垂直:1.9−0.4=1.5
2	铸铁排水管 DN100	m	16.1	垂直:15.7+0.4=16.1
3	铸铁排水管 DN50	m	20	水平:(1.8+1.0)×5=14 垂直:(0.4+0.4+0.4)×5=6
	汇总			
	铸铁排水管 DN150	m	20.8	$5.1+5.7+4.5+5.5=20.8$
	铸铁排水管 DN100	m	77.4	$22.6 \times 2+16.1 \times 2=77.4$
	铸铁排水管 DN50	m	40	$20+20=40$

单元 *1.3* 管道套管制作、安装工程量计算

【能力目标】
能根据《全国统一安装工程预算工程量计算规则》计算住宅管道套管工程的工程量。
【知识目标】
掌握给排水工程管道套管工程量的计算规则。

任务 1 管道套管的制作、安装基础知识

在给排水、采暖、燃气工程中,管道安装在穿越建筑基础、墙体、楼板、屋面等部位时,应该设置套管。在水平方向上,套管设置在管道穿墙、梁、基础处;在垂直方向上,套管设置在管道穿楼板处。

1. 管道套管的作用

管道套管的主要作用包括:管道损坏时,方便维修换管;解决管道的膨胀、伸缩、拉伸变形、位移等问题。应注意套管处不能成为固定支点。

2. 管道套管的分类

常用的套管有三种:防水套管、钢套管、塑料套管。

(1) 防水套管。引入管及其他管道穿越建(构)筑物外墙、建筑物地下室、屋面时应采取防水措施,加设防水套管,防水套管又分为刚性防水套管(见图 1-3-1)和柔性防水套管(见图 1-3-2)。

刚性防水套管在有一般防水要求时使用,适用于管道穿墙处不承受管道振动和伸缩变形的建(构)筑物,安装完毕后不允许有变形量。柔性防水套管在防水要求比较高的部位,安装完毕后允许有变形量,一般用于管道穿过墙壁之处承受振动或和管道伸缩变形、或有严密防水要求的建(构)筑物,如人防墙、水池壁、与水泵连接处等。

(2) 钢套管(见图 1-3-3)。钢套管是用焊接钢管加工制作而成。

(3) 塑料套管。塑料套管是用镀锌铁皮加工制作而成。

图 1-3-1　刚性防水套管

图 1-3-2　柔性防水套管

图 1-3-3　钢套管

任务 2　管道套管的制作、安装工程量计算

一、管道套管制作、安装工程量计算规则

各种管道套管皆按设计图示及施工验收相关规范,以"个"为单位计算个数。

管道套管的规格应按实际套管的管径来确定,一般应比穿过的管道大两号。套管规格用公称直径 DN 表示。例如:穿过的管道管径为 DN20,则套管的规格应为 DN32。

二、实践环节　计算项目 1 中管道套管工程量

计算过程见表 1-3-1 所示的工程量计算书。

表 1-3-1　工程量计算书

序号	工程名称	单位	数量	计算公式
二	套管			
	JL1、JL2			
	钢套管 DN65(DN40 管道上)	个	4	穿外墙、内墙基础:2×2=4
	刚性防水套管 DN65(DN40 管道上)	个	2	穿 1 层地面:1×2=2
	钢套管 DN40(DN25 管道上)	个	4	穿 2、3 层楼板:2×2=4
	钢套管 DN32(DN20)	个	14	穿 4、5 层楼板:2×2=4 水平穿墙面:1×5×2 = 10
	PL1、PL2			
	钢套管 DN250(DN150 管道上)	个	2	穿外墙基础:1×2=2
	刚性防水套管 DN150(DN100 管道上)	个	4	穿屋面:1×2=2 穿 1 层地面:1×2=2

续表

序号	工程名称	单位	数量	计算公式
	WL1、WL2			
	钢套管 DN250（DN150 管道上）	个	2	穿外墙基础：1×2＝2
	刚性防水套管 DN150（DN100 管道上）	个	4	穿屋面：1×2＝2 穿 1 层地面：1×2＝2
	钢套管 DN80（DN50）	个	10	穿内墙：5×2＝10
	汇总			
	刚性防水套管			
	DN150（DN100）	个	8	4＋4＝8
	DN65 （DN40）	个	2	
	钢套管			
	DN250（DN150）		4	2＋2＝4
	DN80 （DN50）	个	10	
	DN65 （DN40）	个	4	
	DN40 （DN25）	个	4	
	DN32 （DN20）	个	14	

单元 1.4 管道支架的制作、安装工程量计算

【能力目标】

能根据《全国统一安装工程预算工程量计算规则》计算管道支架的工程量。

【知识目标】

掌握管道支架工程量的计算规则。

任务 1 管道支架的制作、安装的相关知识

一、管道支架的作用

管道支架是用于支撑管道、固定管道空间位置的构件。因为管道由于自身的重量、温度的

变化、外力的作用等原因容易产生变形和位移，所以使用管道支架可以限制管道的变形和位移。

二、管道支架的种类

1. 按材质分

管道的材质不同，支架的材料也不同，如钢管需要型钢支架，塑料管需要塑料夹。

2. 按用途分

管道支架按支架在空间三维方向上所允许的位移，可分为活动支架、导向支架、固定支架三种。

（1）活动支架。以水平安装的管道为例，管道在垂直方向上不允许有位移，但在水平方向和轴向允许有位移（两个方向上允许有位移）。

根据管道对摩擦作用的不同，可分为以下两种。

① 滑动支架：对摩擦力无严格限制。

② 滚动支架：对摩擦力有严格限制，要求减少水平和轴向摩擦力。这种支架较为复杂，一般用于介质温度较高和管径较大的管道上。

在架空管道上，当不便装设活动支架时，可安装刚性吊架。

（2）导向支架。管道在垂直、水平方向上不允许有位移，轴向允许有位移（一个方向上允许有位移），常见的如管卡。

（3）固定支架。管道在三个方向上都不允许有位移（即任何方向上都不允许有位移）。

固定支架的具体位置由设计人员确定，在图纸上标注，用符号"＊"表示。

3. 按结构形式分

管道支架按结构形式可分为支托架（含脱钩）、吊架和卡架（即管卡）。

水平安装的管道如图 1-4-1 所示。

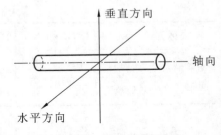

图 1-4-1　水平安装的管道

任务 2 管道型钢支架的制作、安装工程量计算

管道支架一般应由设计确定，但实际情况一般是由施工现场确定。

一、管道型钢支架的制作、安装

其工程量计算规则为:按设计图示的几何尺寸以 kg 为计量单位,计算质量。

二、计算方法

各种管道支架的质量,应根据支架的结构形式,有设计图时按图纸计算其质量,无设计图时可使用施工图图集及其他手册,直接查取各种不同型号支架的质量。

具体计算步骤如下。

1. 统计管道支架数量

按不同管径、不同方位分别统计管道支架数量。

(1)立管支架:楼层层高 $H \leqslant 4$ m 时,每层设一个;楼层层高 $H > 4$ m 时,每层不得少于两个。

(2)水平管支架:按支架安装最大间距计算支架个数,公式为

$$水平管支架个数 = \frac{某规格管道长度}{该管支架水平最大间距} + 1$$

钢管水平安装时,水平管支架、吊架最大间距见表 1-4-1。

表 1-4-1　水平管支架、吊架最大间距表　(m)

公称直径/mm		DN15	DN20	DN25	DN32	DN40	DN50	DN70	DN80	DN100	DN125	DN150
支架最大间距/mm	保温管	1.5	2	2	2.5	3	3	4	4	4.5	5	6
	非保温管	2.5	3	3.5	4	4.5	5	6	6	6.5	7	8

2. 确定单个支架质量

计算支架质量根据标准图集的安装要求,计算每种规格支架的单个质量,再乘以支架数量,求和计算总质量。

不同类型支架的单个质量依据国家建筑标准图集的有关数据计算,表 1-4-2 中列出了部分支架及管卡的质量数据供参考。

表 1-4-2　砖墙上单立管管卡质量　(《室内管道支架及吊架》03S402 第 78 页)　(kg)

公称直径/mm	DN15	DN20	DN25	DN32	DN40	DN50	DN70	DN80
保温管	0.49	0.5	0.6	0.84	0.87	0.9	1.11	1.32
非保温管	0.17	0.19	0.2	0.22	0.23	0.25	0.28	0.38

表 1-4-2 至表 1-4-5 是根据国家建筑标准图集 03S402《室内管道支架及吊架》提供的有关数

据计算汇总而来,供学习时参考,实际工作时一定要根据最新的标准图集及施工图纸的具体要求认真计算单个质量。

表 1-4-3　砖墙上单立管管卡质量　　《室内管道支架及吊架》03S402 第 80 页,第 33～34 页）　　（kg）

公称直径/mm	DN50	DN70	DN80	DN100	DN125	DN150	DN200
保温管	1.502	1.726	1.851	2.139	2.547	2.678	4.908
非保温管	1.34	1.54	1.66	1.95	2.27	2.41	4.63

表 1-4-4　水平管沿墙单管托架质量　　《室内管道支架及吊架》03S402 第 51 页,第 33～34 页）　　（kg）

公称直径/mm	DN15	DN20	DN25	DN32	DN40	DN50	DN70	DN80	DN100	DN125	DN150
保温管	1.362	1.365	1.423	1.433	1.471	1.512	1.716	1.801	2.479	2.847	5.348
非保温管	0.96	0.99	1.05	1.06	1.1	1.14	1.29	1.35	1.95	2.27	3.57

表 1-4-5　水平管沿墙安装单管滑动支座质量　　《室内管道支架及吊架》03S402 第 51 页、第 93 页、第 29～30 页）（kg）

公称直径/mm	DN15	DN20	DN25	DN32	DN40	DN50	DN70	DN80	DN100	DN125	DN150
保温管	2.96	3	3.19	3.19	3.36	3.43	3.94	4.18	5.02	7.61	10.68
非保温管	2.18	2.23	2.38	2.5	2.65	2.72	3.1	3.34	4.06	6.17	7.89

3. 确定支架总质量

支架总质量的计算公式如下:

$$支架总质量＝个数×单个支架质量$$

三、与定额有关的相关规定

（1）管道支架制作安装,公称直径 DN32 以上的,按图示尺寸以 100 kg 为计量单位计算支架制作安装工程量;而对于室内公称直径 32 mm 以下(含 DN32)的钢管(包括镀锌钢管、不锈钢管、铜管、钢塑复合管等金属管道)及给水塑料管管道,其管道安装工程中已包括管道支架(管卡及托钩)制作安装,所以其管道支架制作安装工程量不需要另外计算。

（2）铸铁排水管、铸铁雨水管均包括管卡及托吊支架、臭气帽、雨水漏斗的制作和安装。其管道支架不需要另外计算。

四、计算实例

【例 1-4-1】　某砖混结构住宅给水工程,层高 2.9 m,镀锌钢管 DN15 工程量为 90 m,DN20工程量为 120 m,DN25 工程量为 150 m,DN32 工程量为 200 m,以上铜管均不保温;DN40 的水平长度为 131 m,其中需保温部分为 90 m,DN40 的立管穿过 3 层(不保温),DN50 的水平长度为 220 m,其中需要保温的部分为 120 m,DN50 的立管穿过 4 层(不保温)。

计算管道支架制作、安装工程量(立管支架按表 1-4-2 考虑)。

【解】 因为室内 DN32 及以内给水、采暖管道均已包括管卡及托钩制作安装。所以计算管道支架制作、安装工程量时不考虑 DN15～DN32 的管道。

第一步:统计数量。

(1) 立管支架数量。

DN40:3 个;DN50:4 个(层高 $H \leqslant 4$ m 时,每层设一个)。

(2) 水平支架数量。

DN40 保温的个数:(90/3＋1)个＝31 个;

非保温的个数:[(131－90)/4.5＋1]个＝(41/4.5＋1)个 ＝ 11 个。

(注意:间距个数取整)

DN50 保温的个数:(120/3＋1)个＝ 41 个;

非保温的个数:[(220－120)/15＋1]个＝(100/5＋1)个＝21 个。

第二步:计算支架质量。

(1) 立管支架质量可由表查得(按非保温考虑)。立支架单个质量 DN40 为 0.23 千克/个,DN50 为 0.25 千克/个。

(2) 水平管支架质量,按固定支架执行,可由表查得。水平管支架单个质量 DN40,保温时为 1.471 千克/个,非保温时为 1.1 千克/个;DN50:保温时为 1.512 千克/个、非保温时为 1.14 千克/个。

(3) 支架总质量统计。

支架总质量＝0.23 kg×3＋0.25 kg×4＋1.471 kg×31＋1.1 kg×11＋1.512 kg×41＋1.14 kg×21
$$\approx 145.32 \text{ kg}$$

五、项目 1 工程量计算注意事项

(1) 本工程为型钢支架。

(2) 不同管径的支架分别计算。

(3) 立管与水平管个数分别计算。

(4) 水平管支架个数为间距计算个数＋1,水平埋地管道不需要支架。

(5) 间距个数取整,如 3.36/3＝1.12,算作 2 个。

(6) 铸铁管支架单独统计。

(7) 支架总质量汇总数据。

① 支架刷油的数据,包含所有支架。

② 管道支架安装数据,不含 DN32 以下的管道支架,不含铸铁管支架。

六、实践环节 计算项目 1 中支架工程量

计算过程见表 1-4-6 所示的工程量计算书。

表 1-4-6　工程量计算书

序号	工程名称	单位	数量	计算公式
三	支架			
	JL1			
	DN25 立管			每层1个　2个
	DN20 立管			每层1个　3个
	水平管：			[2.1+(2.1−0.24−0.6−0.03)]/3+1 =(3.33/3+1)个=(1.11+1)个≈3个　3个×5=15个
	LJ1、LJ2 合计	kg	31.64	
	DN25 立管			共 4 个×0.2 kg/个＝0.8 kg
	DN20 立管			共 6 个×0.19 kg/个＝1.14 kg
	水平管			共 30 个×0.99 kg/个＝29.7 kg
	PL1、PL2			
	DN100 立管			每层1个　5个×2＝10个
	DN50 水平管			1个×4层×2＝8个 (其中1层的管道埋在地下,不需要支架)
	WL1、WL2			
	DN100 立管			每层1个　5个×2＝10个
	DN100 水平管			2个×4层×2＝16个
	PL1、PL2、WL1、WL2 合计	kg	79.32	
	DN100 立管			20 个×1.95 kg/个＝39 kg
	DN100 水平管			16 个×1.95 kg/个＝31.2 kg
	DN50 水平管			8 个×1.14 kg/个＝9.12 kg
	支架质量汇总	kg	103.96	31.64＋72.32＝103.96
	支架安装工程量	kg	0	扣除:DN32 以下,以及排水管支架

单元 1.5　管道及支架除锈、刷油、保温等工程量计算

【能力目标】

能根据《全国统一安装工程预算工程量计算规则》计算管道及支架刷油的工程量。

【知识目标】

掌握管道及支架刷油工程量的计算规则。

任务 1 管道除锈、刷油、保温工程量的计算

对于焊接钢管,在管道安装完毕后要进行防腐处理,一般采用对管道外表面除锈、刷油的方法进行防腐处理。而对于塑料管道(如 PPR、U-PVC、铝塑管、钢塑管等),则不需要对管道外表面进行除锈、刷油。

一、管道除锈、刷油工程量的计算

1. 工程量计算规则

管道除锈、刷油工程量是以 m^2 为计算单位,计算管道外展开面积。

2. 工程量计算方法

计算管道刷油表面积的方法有两种:①公式计算法;②查表计算法。

(1) 公式计算法。

$$S = \pi \times D_0 \times L$$

式中:S——管道表面积;

D_0——管道外径;

L——管道长度。

注意:该公式中管道的管径是指外径,而给排水、采暖、燃气工程中的管道通常是用公称直径表示的,所以应注意查表,找到公称直径所对应的外径。例如,表 1-5-1 所示为某铸铁排水管常用管径对照表。

表 1-5-1　某铸铁排水管常用管径对照表

公称直径	外径/mm	壁厚/mm	外表面积/(m²/m)
DN50	60	3.5	$\pi \times 0.060 \times 1 = 0.1884$
DN75	83	3.5	$\pi \times 0.083 \times 1 = 0.2606$
DN100	110	3.5	$\pi \times 0.110 \times 1 = 0.3454$
DN125	135	4	$\pi \times 0.135 \times 1 = 0.4239$
DN150	160	4	$\pi \times 0.160 \times 1 = 0.5024$
DN200	210	5	$\pi \times 0.210 \times 1 = 0.6594$

铸铁管刷油表面积的计算常用公式法。

> **定额说明**：各种管件、阀门和设备上人孔、管口凹凸部分的刷油已综合考虑在定额内，不得另行计算。

根据说明，承插铸铁管承口扩大部分的刷油面积不需要另外计算，因为定额中已包括了铸铁管承口扩大部分表面积的刷油费用。

（2）查表计算法。

焊接钢管刷油表面积的计算常用的是查表法，查工程量快速计算表（焊接钢管）。这种快速计算表一般在预算员快速工程量计算手册中可以查到。

计算方法是查表 1-5-2 中保温厚度为零（即 $\delta = 0$）的那一列的数据，单位为 m^2/m。例如：DN15 的管道，其展开面积为 $0.006\ 9\ m^2/m$；DN20 的管道，其展开面积为 $0.085\ 5\ m^2/m$。

表 1-5-2　焊接钢管刷油、绝热、保护层工程量计算表

公称直径	$\delta = 0$	绝热层厚度 δ/mm							
		$\delta = 20$	$\delta = 25$	$\delta = 30$	$\delta = 35$	$\delta = 40$	$\delta = 45$	$\delta = 50$	$\delta = 60$
DN15	0.066 9	0.002 7	0.003 8	0.005 1	0.006 5	0.008 2	0.009 9	0.011 9	0.016 2
		0.224 6	0.257 6	0.290 6	0.323 6	0.356 6	0.389 6	0.422 5	0.488 5
DN20	0.085 5	0.003 1	0.004 3	0.005 7	0.007 2	0.008 9	0.010 7	0.012 8	0.017 4
		0.243 2	0.276 1	0.309 1	0.342 1	0.375 1	0.408 1	0.441 1	0.507 1
DN25	0.105 9	0.003 5	0.004 9	0.006 3	0.008 0	0.009 7	0.011 7	0.013 8	0.018 6
		0.263 6	0.296 6	0.329 6	0.362 5	0.395 5	0.428 5	0.461 5	0.527 5
DN32	0.129 7	0.004 0	0.005 5	0.007 0	0.008 0	0.010 7	0.012 8	0.015 1	0.020 1
		0.287 5	0.320 4	0.353 4	0.386 4	0.419 4	0.452 4	0.485 4	0.551 3
DN40	0.150 7	0.004 4	0.006 0	0.007 6	0.009 6	0.011 6	0.013 8	0.016 0	0.021 4
		0.308 3	0.341 3	0.374 3	0.407 3	0.440 2	0.473 2	0.506 2	0.572 1
DN50	0.188 5	0.005 5	0.006 5	0.008 9	0.010 9	0.013 1	0.015 5	0.018 1	0.023 8
		0.346 0	0.379 0	0.412 0	0.444 9	0.477 9	0.510 9	0.543 8	0.609 8
DN65	0.237 6	0.006 3	0.008 3	0.010 4	0.012 7	0.015 2	0.017 9	0.020 7	0.026 9
		0.396 3	0.429 2	0.462 2	0.495 2	0.528 1	0.561 1	0.594 1	0.660 0
DN80	0.279 5	0.007 1	0.009 3	0.011 7	0.014 3	0.016 9	0.019 7	0.022 8	0.029 3
		0.437 1	0.470 1	0.503 0	0.536 0	0.569 0	0.601 9	0.634 9	0.700 8
DN100	0.358 0	0.008 8	0.011 4	0.014 2	0.017 0	0.020 1	0.023 4	0.026 9	0.034 3
		0.515 6	0.548 6	0.582 5	0.614 5	0.647 5	0.680 4	0.713 4	0.779 3
DN125	0.418 0	0.010 0	0.012 9	0.015 9	0.019 2	0.022 6	0.026 2	0.030 0	0.037 9
		0.575 2	0.608 2	0.641 2	0.680 4	0.707 1	0.740 1	0.773 1	0.839 0

续表

公称直径	绝热层厚度 δ/mm								
	$\delta=0$	$\delta=20$	$\delta=25$	$\delta=30$	$\delta=35$	$\delta=40$	$\delta=45$	$\delta=50$	$\delta=60$
DN15 0	0.518 1	0.012 1	0.015 5	0.019 1	0.022 8	0.026 8	0.030 9	0.035 1	0.044 2
		0.675 7	0.708 7	0.741 7	0.774 6	0.807 6	0.840 6	0.873 5	0.939 5
DN200	0.688 0	0.015 6	0.019 8	0.024 3	0.028 9	0.033 8	0.038 7	0.043 9	0.054 6
		0.845 3	0.878 2	0.911 2	0.944 2	1.010 1	1.010 1	1.043 1	1.109 0

注：①表中 $\delta=0$ 列对应刷油工程量（m²/m），$\delta\neq0$ 相关列每种规格钢管对应上、下两行数据，上行数据对应绝热工程量（m³/m），下行数据对应保温层工程量（m³/m）。

②有的表格中的单位是 m²/100 m 和 m³/100 m，使用时应注意单位换算。

二、管道保温层工程量计算

1. 工程量计算规则

管道保温（冷）工程量是以 m³ 为计算单位，计算保温材料的体积。

2. 工程量计算方法

计算管道保温（冷）体积的方法有两种：①公式计算法；②查表计算法。一般常用的是查表计算法，通过查工程量快速计算表来计算。

（1）公式计算法。

管道保温层：

$$V=\pi\times(D+\delta+3.3\%\delta)\times(\delta+3.3\%\delta)\times L$$

式中：V——管道保温层体积；

D——管道外径；

L——管道长度；

δ——保温层厚度；

3.3%——保温层厚度允许偏差系数。

（2）查表计算法：查工程量快速计算表（焊接钢管）。

管道保温（冷）工程量是计算保温材料的体积，以 m³ 为计算单位，按不同管径查表计算后再求和。计算方法是查表 1-5-2 中绝热厚度 δ 对应的那列保温材料的体积，单位为 m³/m。如 DN15，$\delta=40$ mm 时其保温材料体积为 0.0082 m³/m，$\delta=50$ mm 时其保温材料体积为 0.0119 m³/m；DN50，$\delta=40$ mm 时其保温材料体积为 0.0131 m³/m，$\delta=50$ mm 时其保温材料体积为 0.0181 m³/m；DN80，$\delta=40$ mm 时其保温材料体积为 0.0169 m³/m，$\delta=50$ mm 时其保温材料体积为 0.0228 m³/m。

三、管道保温层外防潮层、保护层工程量计算

1. 工程量计算规则

管道保温外保护层工程量是以 m² 为计算单位，计算管道保温外保护层的面积。

2. 工程量计算方法

工程量计算方法有两种:①公式计算法;②查表计算法。一般常用的是查表计算法。

(1) 公式计算法:该方法使用不太方便,故使用较少。

保温层外防潮层、保护层面积计算公式为:

$$S = \pi \times (D + 2\delta + 2\delta \times 5\% + 2d_1 + 2d_2) \times L = \pi \times (D + 2.1\delta + 0.0082) \times L$$

式中:D——管道外径,m;

δ——绝热层厚度,m;

L——管道长度,m;

5%——保温材料允许超厚系数;

d_1——捆扎保温材料的金属钢丝直径,$2d_1 = 0.0032$ m;

d_2——防潮层厚度,$2d_2 = 0.005$ m。

(2) 查表计算法。

管道保温外保护层工程量是计算保温材料外表面积,按不同管径查表计算后再求和。计算方法是查表 1-5-2 中绝热厚度 δ 对应的那列保温材料外表面积的数据,单位为 m^2/m。如 DN15,$\delta = 40$ mm 时其保护层面积为 $0.3566\ m^2/m$,$\delta = 50$ mm 时其保护层面积为 $0.4225\ m^2/m$;DN50,$\delta = 40$ mm 时其保护层面积为 $0.4779\ m^2/m$,$\delta = 50$ mm 时其保护层面积为 $0.5438\ m^2/m$;DN80,$\delta = 40$ mm时其保护层面积为 $0.5690\ m^2/m$,$\delta = 50$ mm 时其保护层面积为 $0.6349\ m^2/m$。

【例 1-5-1】 某采暖工程需要保温的焊接钢管的工程量为 DN50、100m,DN40、50m,DN32、40m,求焊接钢管的除锈、刷油、保温($\delta = 50$ mm)、保护层的工程量。其中,保温做法为岩棉管壳保温;保护层做法为保温层外缠玻璃丝布,玻璃丝布外刷调和漆。

【解】 管道除锈、刷油工程量 S 查表 1-5-2,保温厚度 $\delta = 0$ 那列数据为 DN50,$0.1885\ m^2/m$;DN40,$0.1507\ m^2/m$;DN32,$0.1297\ m^2/m$。

$$S = (100 \times 0.1885 + 50 \times 0.1507 + 40 \times 0.1297)m^2 \approx 31.57\ m^2$$

岩棉管壳保温工程量 V 查表 1-5-2,保温厚度 $\delta = 50$ mm 的保温体积的数据为:DN50,$0181\ m^3/m$;DN40,$0.0160\ m^3/m$;DN32,$0.0151\ m^3/m$。

$$V = (100 \times 0.0181 + 50 \times 0.0160 + 40 \times 0.0151)m^3 \approx 3.21\ m^3$$

玻璃丝布和布刷调和漆工程量 S' 查表 1-5-2,保温厚度 $\delta = 50$ mm 的保温外表面积的数数据为:DN50,$0.5438\ m^2/m$;DN40,$0.5062\ m^2/m$;DN32,$0.4854\ m^2/m$。

$$S' = (100 \times 0.5438 + 50 \times 0.5062 + 40 \times 0.4854)m^2 \approx 99.11\ m^2$$

任务 2 设备除锈、刷油、保温层工程量的计算

一、型钢支架除锈、刷油工程量的计算

1. 型钢支架除锈、刷油等防腐工程量的计算规则

型钢支架是指管道支架或设备支架,以 kg 为计算单位,计算支架的重量。

2. 工程量计算方法

工程量计算方法同前面所述"型钢支架制作安装工程量的计算"。

对于 DN32 及以下的管道支架,应注意:定额只考虑了支架制作、安装的工作,没有考虑其除锈、刷油的工作。这部分管道支架也需要进行除锈、刷油工作,此工程量的计算有以下两种方法。

(1)计算方法同前面所述的"型钢支架制作安装工程量的计算",直接计算 DN32 及以下的管道支架的质量。

(2)可以利用定额提供的支架数量计算其相应的质量。

【例 1-5-2】 根据例 1-4-1 所提供的工程量数据来计算管道的支架除锈、刷油工程量。

【解】 例 1-4-1 只计算了 DN40、DN50 的管道支架质量,还需要计算 DN15、DN20、DN25、DN32 的管道支架质量。当然,按例 1-4-1 的方法分步计算更好,为了简便,利用定额提供的支架数量计算也可以。表 1-5-3 中列出了 DN15、DN20、DN25、DN32 的相关定额支架数量,表中立管卡、管托钩是室内镀锌钢管(螺纹连接)定额中每米的含量,单位为个/米,单个质量参考表 1-5-3 中的支架单个质量,单位为千克/个。

$$DN15:(90\times0.164\times0.17+90\times0.146\times0.96)\text{kg}\approx15.124\text{ kg}$$
$$DN20:(120\times0.129\times0.19+120\times0.144\times0.99)\text{kg}\approx20.048\text{ kg}$$
$$DN25:(180\times0.206\times0.20+180\times0.116\times1.05)\text{kg}\approx29.34\text{ kg}$$
$$DN32:(200\times0.206\times0.22+200\times0.116\times1.06)\text{kg}\approx33.656\text{ kg}$$

管道除锈、刷油工程量为

$$[145.32(\text{见例题 1-4-1})+98.168]\text{ kg}=243.488\text{ kg}$$

表 1-5-3　DN15、DN20、DN25、DN32 定额中支架数量及相关工程量计算

管径	工程量/m	立管卡数/(个/米)	单个质量/kg	管托钩数/(个/米)	单个质量/kg	小计	合计/kg
DN15	90	0.164	0.17	0.146	0.96	15.124	
DN20	120	0.129	0.19	0.144	0.99	20.048	98.168
DN25	180	0.206	0.20	0.116	1.05	29.340	
DN32	200	0.206	0.22	0.116	1.06	33.656	

二、散热器除锈、刷油工程量的计算

(1)**钢制散热器**　一般在出厂时已经做了除锈、刷油的工作,不用计算工程量。

(2)**光排管散热器**　按管道的长度计算工程量,散热器除锈、刷油工程量也按管道的计算方法进行。

(3)**铸铁散热器**　其除锈、刷油工程量应按散热面积计算,常用散热器每片散热面积见表 1-5-4,如四柱 813 型散热器 350 片,散热器除锈、刷油工程量 = 0.28 m²/片×350 片 = 98 m²。

暖气片的刷油(或除锈)工程量应按散热面积计算。各种散热器每片刷油(或除锈)面积见表 1-5-4。

表 1-5-4 常用散热器每片散热面积表

散热器类型	型　　号	表面积/m²	散热器类型	型　　号	表面积/m²
长翼型	大 60(A 型)	1.17	柱型	五柱 813	0.37
	小 60(B 型)	0.8	圆翼型	50	1.30
M132 型	—	0.24		75	1.8
柱型	四柱 813	0.28	—	—	—

刷油工程量计算注意事项如下。

(1) 各种管件、阀门、设备上人孔、管口、凹凸部分的刷油已综合考虑在定额内,不得另行计算。

(2) 同一种油漆刷三遍时,第三遍套用第二遍的定额子目。

(3) 刷油工程定额项目是按安装地点就地刷(喷)油漆编制的,如安装前集中刷油时,人工乘以系数 0.7(暖气片除外)计算。

(4) 标志色环等零星刷油,套用相应刷油定额项目,但其中人工乘以系数 2.0。

三、钢板水箱除锈、刷油、保温及保护层工程量计算

(1) 钢板水箱除锈、刷油工程量　水箱除锈、刷油工程量是计算水箱的内外表面积,以 m² 为计算单位,即

$$S = S_b \times 2 = (L \times B \times 2 + L \times H \times 2 + B \times H \times 2) \times 2 (内外)$$

式中:S_b——水箱的表面积,m²;

L、B、H——水箱的长、宽、高,m。

注意:水箱制作完成后内外都要进行除锈、刷油等工作。

(2) 钢板水箱保温工程量　钢板水箱保温工程量是计算水箱外保温材料的体积,以 m³ 为计算单位,即

$$V = 2 \times \delta [(L+1.033\delta)(B+1.033\delta) + (B+1.033\delta)(H+1.033\delta) + (L+1.033\delta)(H+1.033\delta)]$$

式中:V——保温材料体积,m³;

δ——保温材料厚度,m。

1.033——其中的 0.033 为保温材料厚度允许偏差系数。

(3) 钢板水箱保温外保护层、刷漆工程量　钢板水箱保温外保护层刷漆工程量是计算水箱保温材料外的表面积,其表面尺寸每边都增加一个保温厚度 δ,以 m² 为计算单位,即

$$S_B' = (L+2.1\delta) \times (B+2.1\delta) \times 2 + (L+2.1\delta) \times (H+2.1\delta) \times 2 + (B+2.1\delta) \times (H+2.1\delta) \times 2$$

式中:S_B'——保护层面积,m²。

2.1δ——2δ+0.05×2δ,其中 0.05 是保温材料允许超厚系数。

【例 1-5-3】　安装钢板水箱 2 000 mm×1 800 mm×1 500 mm,除锈后刷防锈漆两道,保温采用 50 mm 厚岩棉板,保护层采用外缠玻璃丝布两道,布外刷调和漆两道。计算水箱的防腐、保温、保护层的工程量。

【解】 (1) 钢板水箱除锈、刷防锈漆工程量。

$$S = S_b \times 2 = (2 \times 1.8 \times 2 + 2 \times 1.5 \times 2 + 1.8 \times 1.5 \times 2) \times 2 \text{ m}^2 = 37.2 \text{ m}^2$$

(2) 钢板水箱岩棉板保温工程量。

$$V = 2 \times 0.05 \times [(2 + 1.033 \times 0.05) \times (1.8 + 1.033 \times 0.05) + (1.8 + 1.033 \times 0.05)$$
$$\times (1.5 + 1.033 \times 0.05) + (2 + 1.033 \times 0.05) \times (1.5 + 1.033 \times 0.05)] \text{ m}^3 \approx 0.986 \text{ m}^3$$

(3) 钢板水箱玻璃丝布及布外刷调和漆保护层工程量。

$$S_b' = [(2.0 + 2.1 \times 0.05) \times (1.8 + 2.1 \times 0.05) \times 2 + (2.0 + 2.1 \times 0.05)$$
$$\times (1.5 + 2.1 \times 0.05) \times 2 + (1.8 + 2.1 \times 0.05) \times (1.5 + 2.1 \times 0.05) \times 2] \text{ m}^2 = 26.61 \text{ m}^2$$

注意:保温工程量由于因保温厚度 δ 的数值很小,实际工作时往往不考虑偏差系数和超厚系数,采用下列公式进行近似计算。

$$V = 2 \times \delta[(L + \delta) \times (B + \delta) + (B + \delta) \times (H + \delta) + (L + \delta) \times (H + \delta)]$$

同样,保护层工程量计算时也可以不考虑超厚系数,采用下列公式进行近似计算。

$$S_b' = 2 \times [(L + 2\delta) \times (B + 2\delta) + (L + 2\delta) \times (H + 2\delta) + (B + 2\delta) \times (H + 2\delta)]$$

根据近似计算公式,上例中的保温工程量和保护层工程量可分别计算为

$$V = 2 \times 0.05 \times 9.837\ 5 \text{ m}^3 \approx 0.984 \text{ m}^3$$
$$S_b' = 2 \times (2.1 \times 1.9 + 2.1 \times 1.6 + 1.9 \times 1.6) \text{ m}^2 = 20.78 \text{ m}^2$$

因此,在不考虑偏差系数和超厚系数时,保温层、保护层工程量相差较少,可按近似公式计算。

四、实践环节　计算项目 1 中管道防腐、刷油工程量

项目 1 中管道防腐、刷油工程量计算应注意以下事项。

(1) 给水管道　镀锌钢管,不需刷油。

(2) 排水管道　铸铁管需除锈、刷油。明装部分:DN50、DN100;埋地部分:DN50、DN100、DN150。

(3) 表面积计算　使用快速计算表或采用公式计算法。

先把前面计算的各种材质、各种直径的管道分别汇总、统计,然后计算管道刷油面积。

(4) 支架重量计算　前面已完成质量的计算,可以直接利用计算结果。

工程量计算过程见表 1-5-5 所示的工程量计算书。

表 1-5-5　工程量计算书

序号	工程名称	单位	数量	计算公式
四	除锈、刷油			
1	管道刷油			
	埋地管道长度			
	PL1			
	DN150	m		5.1
	DN100	m		0.4(地下部分)+0.4(立支管)+0.9(横管)=1.7

序号	工程名称	单位	数量	计算公式
	PL2			
	DN150	m		5.7
	DN100	m		0.4（地下部分）＋0.4（立支管）＋0.9（横管）＝1.7
	WL2、WL1			
	DN150	m		5.5＋4.5＝10.0
	DN100	m		0.4（地下部分）×2＝0.8
	DN50	m		（1.8＋0.4×2＋1.0＋0.4）×2＝4.0×2＝8.0
	埋地管道长度汇总			
	DN150	m		5.1＋5.7＋10.0＝20.8
	DN100	m		1.7×2＋0.8＝4.2
	DN50	m		8
	埋地管道刷油面积小计	m²	13.41	$S＝20.8×0.502\,4＋4.2×0.345\,4＋8.0×0.188\,4$
	明装管道长度			
	DN100	m		77.4－4.2＝73.2
	DN50	m		40.0－8.0＝32
	明装管道刷油面积小计	m²	31.31	$S＝73.2×0.345\,4＋32.0×0.188\,4$
2	支架刷油	kg	103.96	

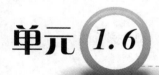

单元 **1.6** 管道消毒、冲洗、试压及管道附件工程量计算

【能力目标】

能根据《全国统一安装工程预算工程量计算规则》计算管道消毒、冲洗、试压及管道附件的工程量。

【知识目标】

掌握管道消毒、冲洗、试压及管道附件工程量的计算规则。

任务 1　室内给水管道消毒、冲洗、试压工程量的计算

一、室内给水管道消毒、冲洗工程量的计算规则

按施工图所示管道中心线以 m 为计算单位,计算给水管道延长米长度,不扣除阀门、管件所占的长度。

室内给水管道消毒、冲洗工程量计算均按管道公称直径大小分档。因预算定额子目是按管道公称直径分档,如 DN50、DN100、DN200、DN300 等,所以工程量的计算项目必须与预算定额子目口径相一致。

【例 1-6-1】　某给水工程的管道工程量分别是:DN20,150 m;DN40,120 m;DN50,100 m;DN65,200 m;DN80,70 m;DN100,50 m;DN125,70 m;DN150,80 m。计算管道消毒、冲洗的工程量。

【解】　　　　管道内径≤DN50：150 m＋120 m＋100 m＝370 m

管道内径≤DN100：200 m＋70 m＋50 m＝320 m

管道内径≤DN200：70 m＋80 m＝150 m

二、管道试压工程量计算规则

管道试压的工程量计算也是按施工图所示管道中心线以 m 为计算单位,计算管道延长米长度,不扣除阀门、管件所占的长度。

管道试压工作已包括在室内外管道安装项目的工作内容中(见管道安装定额子目的"工作内容"中),所以一般情况下不需要单独计算管道试压项目的工程量及安装费用。只有在有特殊要求需要进行二次压力试验时才可以单独执行管道压力试验项目。

注意:①给排水工程只计算给水管道长度;②管道长度按不同管径分别计算长度。

任务 2　管道附件安装:阀门、水表、低压器具的相关知识

一、伸缩器

1. 伸缩器的作用

伸缩器也称为伸缩节,其作用是用来消除管道因温度变化而产生膨胀或收缩应力对管道的

影响。

2. 常用伸缩器的种类和特点

1）金属伸缩器

（1）方形伸缩器　也称 U 形补偿器。是用无缝钢管通过掇制而成 U 形。

（2）波形伸缩器　波形伸缩器（见图 1-6-1）由波节和内衬套筒组成，内衬套筒一端与波壁焊接，另一端可自由伸缩。它是利用波形金属薄壳挠性件的弹性变形起到补偿管路的热伸长量。

（3）套筒式伸缩器　套筒式伸缩器（见图 1-6-2）由三部分组成，即套管、插管和密封填料。内插管可以随温度变化自由活动，从而起到补偿作用。

图 1-6-1　波形伸缩器　　　　　　　图 1-6-2　套筒式伸缩器

2）UPVC 伸缩节

根据施工规范的要求，UPVC 管道伸缩节（见图 1-6-3）的设置要求如下。

(a) 　　　　　　　　　　　　　(b)

图 1-6-3　UPVC 伸缩节

（1）当层高小于或等于 4 m 时，立管应每层设一伸缩节；当层高大于 4 m 时，应根据设计伸缩量确定。

（2）横干管设置伸缩节，应根据设计伸缩量确定。

（3）横支管上合流配件至立管的直线管段超过 2 m 时，应设伸缩节，但伸缩节之间的最大间距不得超过 4 m；两个伸缩节之间应有一个固定支承，以控制管道膨胀方向。

（4）管道设计伸缩量不应大于伸缩节最大允许伸缩量 d(mm)。

若每层穿楼板处为固定支撑，必须每层装伸缩节，安装位置如图 1-6-4 所示。

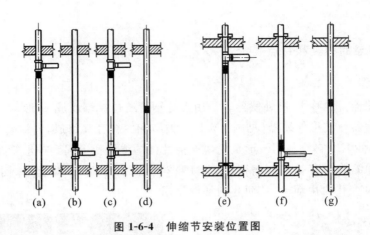

图 1-6-4 伸缩节安装位置图

二、阀门

阀门是控制调节水流运动的重要配件,一般工业管道用的阀门大致包括闸阀、截止阀、止回阀、旋塞阀、安全阀、调节阀(节流阀)、球阀、减压阀、疏水阀、直角阀、蝶阀、隔膜阀、电磁阀等。

1. 常用阀门的种类

各种阀门结构及图片见附录 D。

常用的阀门有截止阀、闸阀、止回阀、旋塞阀、疏水阀、减压阀、隔膜阀等。

(1) 截止阀:截止阀是一种常用的阀门,关闭严密,可调节流量,但启闭较缓慢,流体阻力大,不适用于带颗粒和黏性较大的介质。

(2) 闸阀:也称闸板阀,适用在较高的温度下,多用于黏性较大的介质,有一定调节流量的功能,适用于一些大口径管道。

(3) 止回阀:也称为逆止阀、单向阀,是一种只允许水流向一个方向流动、不能反向流动的阀门,防止介质倒流。适用于一般清洁介质,对于带固体颗粒和黏性较大的介质不适用。

(4) 旋塞阀:又称为转心阀,开关成 90°,特点是开关迅速,适用于低温、低压流体中作开闭用,不适用于输送高温、高压介质(如蒸汽),不适宜用于调节流量。

(5) 疏水阀:又称为疏水器。疏水阀能排除加热设备或蒸汽管线中的凝结水,同时阻止蒸汽泄漏。

(6) 减压阀:通过对介质流量的控制,降低管道内的压力,使介质符合生产的需要。只适用于蒸汽、空气等清洁气体的减压,不能用于液体减压,更不能含有颗粒性杂质。

(7) 隔膜阀:适用于输送酸性介质和带悬浮物的介质,不适用于温度较高及有机溶剂和强氧化剂的介质。

2. 阀门产品型号及表示方法

阀门组成常用七个单元表示,按下列顺序排列:

① ② ③ ④ ⑤ ⑥ ⑦

各部分含义及各单元常用内容具体如下。

单元①表示阀门类别,用字母表示,如表 1-6-1 所示。

表 1-6-1   阀门类别及代号

阀门类别	代 号	阀门类别	代 号
闸阀	Z	球阀	Q
截止阀	J	减压阀	Y
止回阀	H	疏水阀	S
旋塞阀	X	蝶阀	D
安全阀	A	隔膜阀	G
节流阀	L		

单元②表示驱动方式,用阿拉伯数字表示,如表 1-6-2 所示。

表 1-6-2   驱动方式及代号

驱动方式	代 号	驱动方式	代 号
手动	省略	电动	9
电-液动	2	液动	7
气动	6		

单元③表示连接形式,用阿拉伯数字表示,如表 1-6-3 所示。

表 1-6-3   连接形式及代号

连接形式	代 号	连接形式	代 号
内螺纹	1	焊接	6
外螺纹	2	法兰	4

单元④表示结构形式,用阿拉伯数字表示。

单元⑤表示密封面或衬里材质,用字母表示,如表 1-6-4 所示。

表 1-6-4   材质及代号

材 质	代 号	材 质	代 号
铜合金	T	硬质合金	Y
橡胶	X	衬胶	CJ
尼龙塑料	SN	衬铅	CQ
氟塑料	SA	衬塑料	CS
巴氏合金	B	搪瓷	TC
不锈钢	H	渗硼钢	P
渗氮钢	D		

单元⑥用公称压力值直接表示,并用短横线"-"与前五单元隔开。阀门的公称压力范围为 0.1～32 MPa,共 12 个等级。

单元⑦表示阀体材质,用字母表示,如表 1-6-5 所示。

表 1-6-5　阀体材料及代号

阀 体 材 料	代号	阀 体 材 料	代号	阀 体 材 料	代号
灰铸铁	Z	铜和铜合金	T	铬镍钼钛耐酸钢	R
可锻铸铁	K	碳素钢	C	铬钼钒合金钢	V
高硅铸铁	G	铬钼合金钢	I		
球墨铸铁	Q	铬镍钛耐酸钢	P		

3. 产品型号编制举例

如"J21Y-160P",产品名称统一为"外螺纹截止阀",表示手动、外螺纹连接,直通式;密封面材料为硬质合金;公称压力为 Pg160(即 16 MPa)。阀体材质为铬镍钛耐酸钢的截止阀。产品型号的具体含义如下。

单元①:阀门类别,J 表示截止阀。

单元②:驱动方式,省略表示手动。

单元③:连接方式,2 表示外螺纹连接。

单元④:结构形式,1 表示直通式。

单元⑤:密封面及衬里材质,Y 表示硬质合金。

单元⑥:公称压力,160 表示 $p \leqslant 16$ MPa。

单元⑦:阀体材质,P 表示阀体材料为铬镍钛合金钢。

任务 3　管道附件安装:阀门、水表、低压器具工程量的 。。。 计算

管道附件安装:阀门、水表、低压器具工程量的计算规则如下。

(1) 各种阀门安装,均以"个"为计量单位,按阀门种类和型号不同分别计算个数。

① 法兰阀门安装,如仅为一侧法兰连接时,定额所列法兰、带帽螺栓及垫圈数量减半,其余不变。

② 自动排气阀安装以"个"为计量单位,已包括了支架制作安装,不得另行计算。

(2) 法兰水表安装以"组"为计量单位,按种类和型号不同分别计算个数。

(3) 低压器具,减压器、疏水器组成安装,以"组"为计量单位,如果设计组成与估价表不同时,阀门和压力表数量可按设计用量进行调整,其余不变。

实践环节　计算项目 1 中管道消毒、冲洗、试压及管道附件工程量

项目 1 中管道消毒、冲洗、试压及管道附件工程量应注意以下事项。

(1) 管道消毒、冲洗只计算给水管道长度。

(2) 管道长度按不同管径分别计算长度。

（3）管道试压工作内容已包含在管道安装定额中，因此管道试压工程量不需要单独计算。

（4）低层建筑给排水工程中暂不考虑管道伸缩节的设置，本工程不计算伸缩节工程量。

计算过程见表 1-6-6 所示的工程量计算书。

表 1-6-6　工程量计算书

序号	工 程 名 称	单位	数量	计 算 公 式
五	管道冲洗、消毒			
	DN50 以内	m	72.44	
	镀锌钢管 DN40	m	15.14	
	镀锌钢管 DN25	m	12	
	镀锌钢管 DN20	m	45.3	
六	阀门			
	J11T-1.0　　DN20	个	10	
	J11T-1.0　　DN40	个	2	
	水表　LXS-20　DN20	个	10	

单元 1.7　卫生器具工程量计算、工程量横单汇总

【能力目标】

能根据《全国统一安装工程预算工程量计算规则》计算卫生器具的工程量。

【知识目标】

掌握卫生器具工程量的计算规则。

任务 1　卫生器具知识准备

卫生器具是以"组"为计量单位，参照全国通用的《给水排水标准图集》中有关标准图进行安装的，每组卫生器具的安装项目中，所包含的内容除了卫生器具外，还包括部分给水排水管道及管件连接等内容。所以每个定额子目中除了卫生器具、配件外，还综合考虑了一定数量的给水、排水管道，这部分材料不得另行计算。除另有说明及设计有特殊要求外均不作调整。

一、卫生器具分类

（1）盥洗淋浴用卫生器具，如浴盆、洗脸盆、淋浴器等。

（2）便溺用卫生器具，如蹲式大便器、坐式大便器、小便器等。

（3）洗涤用卫生器具，如洗涤盆、化验盆等。

（4）其他卫生器具，如地漏、排水栓等。

二、卫生器具工程量计算

卫生器具的安装，以"组"为计量单位，按标准图安装。一组卫生器具的安装，定额中除了卫生器具、配件外，还综合考虑了一定数量的给水、排水管道，因此准确计算给水排水工程造价的关键是找准定额项目中所包括的给水排水管道，以及管道与卫生器具的分界点。

编制卫生器具预算必须注意分清卫生器具与管道安装的分界线，具体如下。

（1）卫生器具与管道工程量界线。

（2）排水部分定额已计价材料与未计价排水管道材料。

（3）可以调整与不能调整的界线。

对于未计价排水管道材料，需另计入排水管道长度工程量延长米中。

必要时还需参阅标准图及定额材料分析，以免漏算和重复计算。

划分卫生器具与管道安装的分界线的目的是分清哪些管道计入管道的安装，哪些管道计入卫生器具的安装，一般来说，给水管道与卫生器具分界线在水平管与支管的交接处。排水管道与卫生器具分界线一般在地面处。目前，市面上成套购买的卫生器具中一般都会含有一段塑料排水管，安装后通到地面以下的排水管道中。

下面详细介绍各种卫生器具的安装内容。

1. 浴盆安装

浴盆安装以"组"为计算单位。浴盆安装项目定额未计价主材有浴盆、冷热水嘴 DN15（或是冷热水或冷热水混合水嘴带喷头）、浴盆排水配件。浴盆安装中，浴盆支架及周边的砌砖、粘贴的瓷砖，应执行土建预算定额。浴盆安装示意图如图 1-7-1 所示。

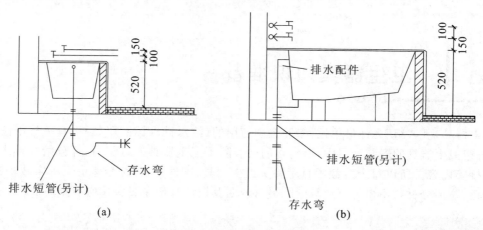

图 1-7-1　浴盆安装示意图

2. 洗脸盆、洗手盆安装

洗脸盆、洗手盆安装以"组"为计算单位。安装项目定额未计价主材有盆具、洗脸盆托架、水嘴、盆具下水口、角阀、金属软管等。洗脸盆、洗手盆安装项目定额辅材,如其他零星材料等不另行计算。

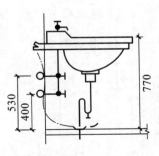

图 1-7-2 洗脸盆、洗手盆给水管的布置

(1)给水管分界点 洗脸盆、洗手盆给水管的布置主要有两种,如图 1-7-2 所示。

① 上配水形式,分界点是水嘴支管与水平管连接的三通处,水平标高一般为($H+1.000$) m。

② 下配水形式,分界点是角式截止阀(角阀)处,角阀以上的给水管包含在定额中。

(2)排水管分界点 其分界点一般在地面位置。

3. 洗涤盆、化验盆安装

洗涤盆(见图 1-7-3)、化验盆(见图 1-7-4)的安装以"组"为计算单位。

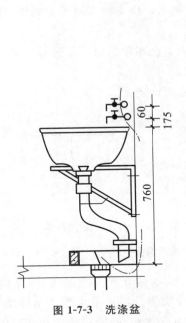

图 1-7-3 洗涤盆

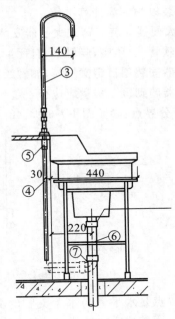

图 1-7-4 化验盆

(1)洗涤盆安装 洗涤盆安装项目定额未计价主材有洗涤盆(一般含 PVC-U 排水软管)、水嘴(或是肘式开关或脚踏式开关等各种开关)、排水栓等。

洗涤盆安装项目定额辅材,如其他零星材料等不另行计算。

① 给水管分界:分界点同洗脸盆。

② 排水管分界:分界点在地面。

(2)化验盆安装 化验盆安装项目定额主材(未计价材)有化验盆(一般含 PVC-U 排水软管)、化验盆水嘴、脚踏式开关阀门、鹅颈水嘴、排水栓等。

化验盆安装项目定额辅材,如其他零星材料等不另行计算。

① 给水管分界点:单联、双联、三联化验盆的分界点在化验盆上沿(实验桌台面)。

② 排水管分界点:在地面。

4. 淋浴器安装

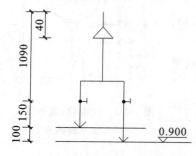

图 1-7-5　淋浴器给水示意图

淋浴器安装以"组"为计算单位。

淋浴器安装项目定额未计价主材有莲蓬喷头、成品淋浴器等。

淋浴器安装项目定额辅材有截止阀、给水管及管件、立管卡子等其他零星材料。

给水管分界:分界点为水平管与支管的交接处,安装包括部分给水管、相应阀门(截止阀)、喷头,冷水管标高一般为($H+0.900$) m,如图 1-7-5 所示。

5. 大便器安装

大便器安装以"套"为计算单位。

(1) 蹲式大便器安装　蹲式大便器安装项目定额未计价主材有蹲式大便器,高、低水箱及配件,角阀,金属软管,手压阀,脚踏阀,自闭冲洗阀等。

蹲式大便器安装项目定额辅材,如螺纹截止阀及其他零星材料等不另行计算。

蹲式大便器的砌筑工程量应执行土建预算定额。

① 给水管分界点:参照图 1-7-6 所示的给水示意图确定。

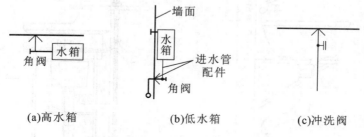

(a)高水箱　　　　　　(b)低水箱　　　　　(c)冲洗阀

图 1-7-6　大便器给水示意图

高水箱分界点是水平管与水箱支管的交接处。低水箱分界点是角阀处,角阀标高一般为($H+0.700$) m,水箱底距离蹲便器台面 900 mm。冲洗阀分界点是水平管与冲洗管交接处,普通冲洗阀和手压式冲洗阀的交接点标高一般为($H+0.85$) m;脚踏式冲洗阀和自闭式冲洗阀的交接点标高一般为($H+0.15$) m。

② 排水管分界点:分界点以存水弯排出口为界。

蹲式大便器排水示意如图 1-7-7 所示。

(2) 坐式大便器安装　坐式大便器安装项目定额未计价主材有坐式大便器、水箱及配件(或是自闭冲洗坐便配件或连体进水阀配件、连体排水口配件)、坐便器桶盖、角阀(或自闭冲洗阀)、金属软管等。

坐式大便器安装项目定额辅材,如其他零星材料等不另行计算。

① 给水管分界点:分界点是水平管与连接水箱支管的交接处,角阀标高一般为(H+0.250) m。如图 1-7-8 所示。

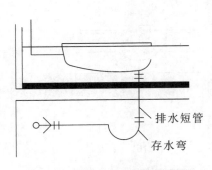

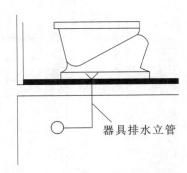

图 1-7-7　蹲式大便器排水示意图　　　图 1-7-8　坐式大便器排水示意图

② 排水管分界点:分界点为坐式大便器排出口与器具排水立管交接处,一般是地面位置。坐式大便器本身有水封设施,定额中不含存水弯,如图 1-7-8 所示。

6. 小便器安装

小便器安装以"套"为计算单位。

小便器安装项目定额主材有小便器、高水箱或冲洗阀、自动平便配件、角阀、金属软管、水箱自动冲洗阀、排水栓等。

小便器安装项目定额辅材,如其他零星材料等不另行计算。

① 给水管分界点:分界点是水平管与冲洗管交接处,如图 1-7-9 所示,挂斗式普通水平管标高一般为(H+1.200) m;高水箱(单联、双联、三联)水立管标高一般为(H+2.000) m。

② 排水管分界点:挂斗式小便器分界点是存水弯与器具排水立管交界处,如图 1-7-9 所示,一般是地面位置;立式小便器分界点一般是地面位置。

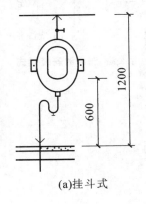

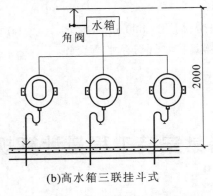

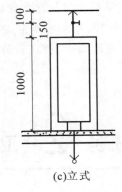

(a)挂斗式　　　　　　(b)高水箱三联挂斗式　　　　　　(c)立式

图 1-7-9　小便器给水排水示意图

7. 地漏、扫除口安装

地漏、扫除口安装以"个"为计算单位。

(1)地漏安装根据其公称直径的不同,分别以"个"为计算单位。

地漏分为无水封(直通)式地漏和水封式地漏两大类。水封式地漏本身已带有水封装置。

(2) 扫除口安装根据其公称直径的不同,分别以"个"为计量单位。扫除口排水示意图如图 1-7-10 所示。

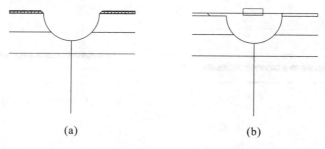

(a)   (b)

图 1-7-10　扫除口排水示意图

8. 排水栓安装

排水栓安装以"组"为计量单位。

排水栓定额有带存水弯的排水栓和不带存水弯的排水栓两种。带存水弯的排水栓,定额中每组含一个 S 形塑料存水弯;不带存水弯的排水栓,定额中每组含排水管 0.5 m。

排水栓按直径划分子目,以"组"为计量单位,需要单独计算排水栓的器具有污水池、洗涤池、盥洗槽(池)等,池或槽本身工程量执行土建预算定额。

污水池、洗涤池的安装形式有甲型和乙型两种,如图 1-7-11 所示。污水池、洗涤池上安装的排水栓,一般按带存水弯考虑,其给水龙头另计。

① 甲型污水池、洗涤池安装在地面上,排水管分界点是横支管与存水弯连接处。

② 乙型污水池、洗涤池安装高度为 800 mm,存水弯在地面上,排水管分界点是器具排水管与存水弯交界处,一般是地面位置。

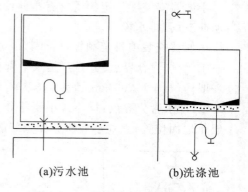

(a)污水池   (b)洗涤池

图 1-7-11　污水池、洗涤池安装形式

任务 2　卫生器具安装工程量计算规则

卫生器具安装工程量计算规则如下。

卫生器具组成安装以"组"为计量单位,估价表内已按标准图综合了卫生器具与给水管、排水管连接的人工与材料用量,不得另行计算。

计算工程量时需分别统计各种卫生器具的数量。

各种卫生器具安装图示及工程量计算见表 1-7-1。

表 1-7-1　常用卫生器具安装图示及工程量计算

器具名称	卫生器具与管道分界点	定额未计价主材	定额已计价辅材	图　示
浴盆	(1)给水管 水平管与支管的交接处 (2)排水管 地面	(1)浴盆 (2)冷热水水嘴 (3)浴盆排水配件	其他零星材料	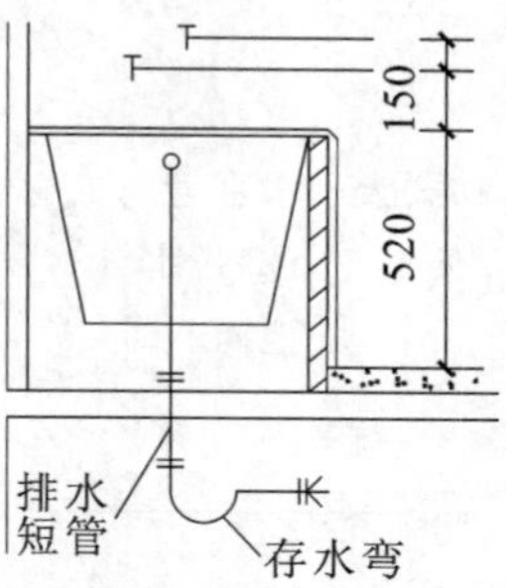
洗脸盆、洗手盆	(1)给水管 ①上配水形式:水嘴支管与水平管连接的三通处 ②下配水形式:角阀处 (2)排水管 一般在地面位置	(1)洗脸盆、洗手盆盆具 (2)水嘴 (3)角阀 (4)洗脸盆下水口(铜) (5)洗脸盆托架 (6)金属软管	其他零星材料	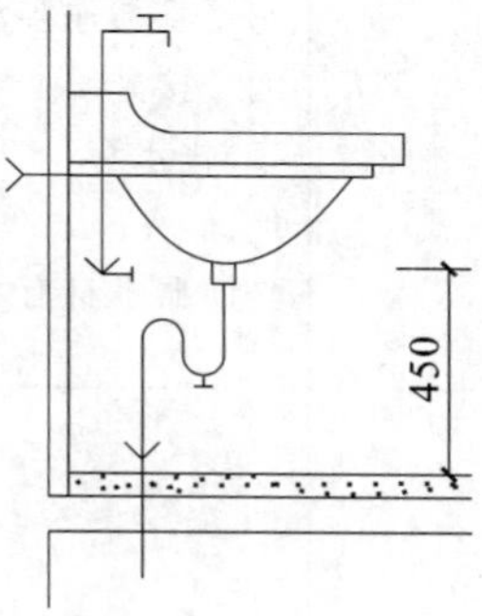
洗涤盆、化验盆	(1)给水管 同洗脸盆、洗手盆 (2)排水管 一般在地面位置	(1)洗涤盆、化验盆盆具 (2)水嘴(鹅颈水嘴等) (3)排水栓 (4)脚踏式开关等	其他零星材料	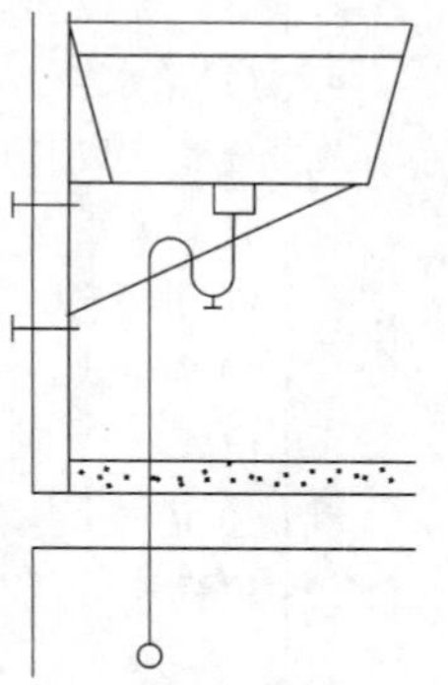
淋浴器	水平管与支管的交接处	莲蓬喷头或成品整套淋浴器	(1)截止阀 (2)给水管及管件、立管卡子 (3)其他零星材料	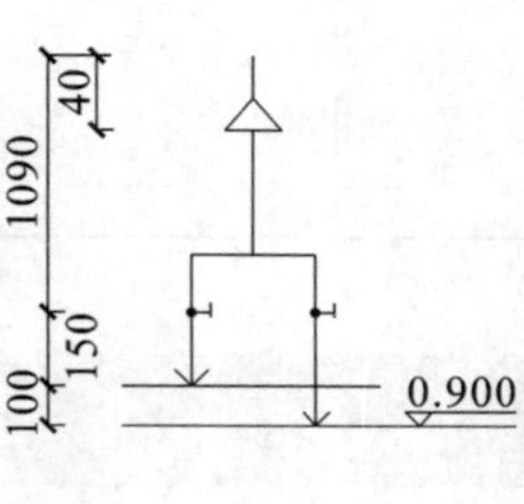

器具 名称	卫生器具与管 道分界点	定额未计价主材	定额已计价 辅材	图　示
蹲式大 便器	(1)给水管 水平管与支管的交接处 (2)排水管 地面	(1)蹲式大便器 (2)高、低水箱及配件(或手压阀、脚踏阀)等 (3)角阀(或手压阀、脚踏阀、自闭冲洗阀等) (4)金属软管	(1)螺纹截止阀 (2)其他零星材料	
坐式大 便器	(1)给水管 水平管与连接水箱支管的交接处 (2)排水管 地面 坐便器本身有水封设施	(1)坐式大便器 (2)水箱及配件(或自闭式冲洗坐便配件或连体进水阀配件、连体排水口配件) (3)坐便器桶盖 (4)角阀(或自闭冲洗阀) (5)金属软管	其他零星材料	
小便器	(1)给水管 分界点是水平管与冲洗管交接处 (2)排水管 ①挂斗式:一般是地面位置 ②立式:一般是地面位置	(1)小便器 (2)高水箱或冲洗阀 (3)自动平便配件 (4)角阀 (5)金属软管 (6)水箱自动冲洗阀、排水栓等	其他零星材料	

实践环节　计算项目1中卫生器具工程量

项目1中卫生器具工程量计算过程见表1-7-2。

表 1-7-2　项目 1 中卫生器具工程量计算书

序号	工 程 名 称	单位	数量	计 算 公 式
七	卫生器具			
	大便器	组	10	
	淋浴器	组	10	
	地漏 DN50	个	20	
	洗涤盆	组	10	

任务 3　列工程量横单

归纳项目 1 所计算的工程量的项目内容,列示如下:

① 管道安装;

② 管道套管制作安装;

③ 管道支架制作安装;

④ 刷油、防腐:管道、支架;

⑤ 管道冲洗、试压;

⑥ 管道附件安装:阀门、水表;

⑦ 卫生器具安装。

每个工程的全部工程量计算完成后,需要按项目顺序列出各项工程量的明细,即工程量横单。格式如表 1-7-3 所示。

表 1-7-3　工程量横单

序　号	工 程 名 称	单　位	数　量
1	镀锌钢管 DN40	m	15.14
2	镀锌钢管 DN25	m	12.00
3	镀锌钢管 DN20	m	45.30
4	铸铁排水管 DN150	m	20.80
5	铸铁排水管 DN100	m	77.40
6	铸铁排水管 DN50	m	40.00
7	刚性防水套管 DN150	个	8.00
8	刚性防水套管 DN65	个	2.00
9	钢套管 DN250	个	4.00

序　号	工程名称	单　位	数　量
10	钢套管 DN80	个	10.00
11	钢套管 DN65	个	4.00
12	钢套管 DN40	个	4.00
13	钢套管 DN32	个	14.00
14	支架制作安装	kg	0.00
15	埋地管道刷油	m²	13.41
16	明装管道刷油	m²	31.31
17	支架刷油	kg	103.96
18	管道冲洗、消毒 DN50 以内	m	72.44
19	阀门 J11T-1.0　DN20	个	10.00
20	阀门 J11T-1.0　DN40	个	2.00
21	水表　LXS-20　DN20	个	10.00
22	大便器	组	10.00
23	淋浴器	组	10.00
24	地漏 DN50	个	20.00
25	洗涤盆	组	10.00

单元 1.8 预算定额套用

【能力目标】

能够根据《江苏省安装工程计价定额》(2014 版)套用定额。

【知识目标】

① 熟悉 2014《江苏省安装工程计价定额》(2014 版)第十册、第十一册定额的相关内容。

② 了解《全国统一安装工程预算定额》内容。

任务 1 安装工程预算定额的相关知识

一、安装工程预算定额的概念

1. 工程定额

工程定额是指在工程建设时,在正常生产条件下,按社会平均生产力水平确定的完成合格的建筑安装工程单位产品所必需消耗的人工、材料和机械台班的数量标准。

数量标准的制定要以平均水平为标准,代表生产力的发展水平。所以,定额是一定时期内生产力水平的反映。

工程定额是根据国家一定时期的管理体制和管理制度,根据不同定额的用途和适用范围,由指定的机构按一定的程序制定和发布的。

2. 安装工程预算定额

安装工程预算定额是按社会平均必要生产力水平确定的,是完成合格的安装工程规定计量单位的分项工程所消耗的人工、材料和机械台班的数量标准。它不但给出了实物消耗量指标,也给出了相应的货币消耗量指标。

3. 常用安装工程预算定额

按照主编单位和执行范围,安装工程预算定额可分为四类,分别为全国统一定额、行业统一定额、地区统一定额和企业定额。

(1) 全国统一定额是由国家建设行政主管部门综合全国工程建设中技术和施工组织管理的情况编制,并在全国范围内执行的定额,如《全国统一安装工程预算定额》。

(2) 行业统一定额是考虑到各行业部门专业工程技术特点,以及施工生产的管理水平编制的,一般只在本行业和相同专业性质的范围内执行,属于专业性定额,如《铁路工程预算定额》。

(3) 地区统一定额包括省、自治区、直辖市定额,是各地区相关主管部门根据本地区自然气候、物质技术、地方资源和交通运输等条件,参照全国统一定额水平编制的,并只能在本地区使用。

(4) 企业定额是由施工企业考虑本企业的具体情况,参照国家、部门或地区定额的水平而制定只在本企业内部使用的定额,是企业素质的标志。一般来说,企业定额水平高于国家、部门或地区现行定额的水平,才能满足生产技术发展、企业管理和市场竞争的需要。

二、安装工程常用预算定额介绍

（一）《全国统一安装工程预算定额》

1.《全国统一安装工程预算定额》的组成

现行《全国统一安装工程预算定额》是由原国家建设部组织参编单位修编的，于 2000 年 3 月 17 日发布实施。

现行的《全国统一安装工程预算定额》共分十二册，包括：

第一册　机械设备安装工程　GYD-201-2000；

第二册　电气设备安装工程　GYD-202-2000；

第三册　热力设备安装工程　GYD-203-2000；

第四册　炉窑砌筑工程　GYD-204-2000；

第五册　静置设备与工艺金属结构制作安装工程　GYD-205-2000；

第六册　工业管道工程　GYD-206-2000；

第七册　消防及安全防范设备安装工程　GYD-207-2000；

第八册　给排水、采暖、燃气工程　GYD-208-2000；

第九册　通风空调工程　GYD-209-2000；

第十册　自动化控制仪表安装工程　GYD-210-2000；

第十一册　刷油、防腐蚀、绝热工程　GYD-211-2000；

第十二册　通信设备及线路工程　GYD-212-2000（另行发布）。

另有《全国统一安装工程预算定额工程量计算规则》和《全国统一安装工程施工仪器仪表台班费用定额》，它们是计算工程量、确定施工仪器仪表台班预算价格的依据，也可作为确定施工仪器仪表台班租赁费的参考。

2.《全国统一安装工程预算定额》的作用和适用范围

《全国统一安装工程预算定额》是完成规定计量单位分项工程计价所需的人工、材料、施工机械台班的消耗量标准，是统一全国安装工程预算工程量计算规则、项目划分、计量单位的依据，是编制安装工程地区单位估价表、施工图预算、招标工程标底、确定工程造价的依据，也是编制安装工程概算定额（指标）、投资估算的基础，还可作为制定企业定额和投标报价的基础。

3.《全国统一安装工程预算定额》编制的依据

《全国统一安装工程预算定额》是依据国家现行的有关产品标准、设计规范、施工及验收规范、技术操作规程、质量评定标准和安全规程编制的，也参考了行业、地方标准，以及有代表性的工程设计、施工资料和其他资料。

4.《全国统一安装工程预算定额》单价的确定

（1）人工工日单价：按北京市 1996 年安装工程的人工费单价，不分列工种和技术等级，一律以综合工日表示。

(2) 材料单价:采用北京市 1996 年的材料预算价格。

(3) 机械台班单价:采用 1998 年原建设部颁发的《全国统一机械台班费用定额》计算。

(二)《江苏省安装工程计价定额》(2014 版)

1.《江苏省安装工程计价定额》(2014 版)的组成

《江苏省安装工程计价定额》(2014 版)是由江苏省住房和城乡建设厅组织编制的,于 2014 年 7 月 1 日在江苏省内起执行。

现行的《江苏省安装工程计价定额》(2014 版)共分十一册,包括:

第一册　机械设备安装工程;

第二册　热力设备安装工程;

第三册　静置设备与工艺金属结构制作安装工程;

第四册　电气设备安装工程;

第五册　建筑智能化工程;

第六册　自动化控制仪表安装工程;

第七册　通风空调工程;

第八册　工业管道工程;

第九册　消防工程;

第十册　给排水、采暖、燃气工程;

第十一册　刷油、防腐蚀、绝热工程。

2.《江苏省安装工程计价定额》(2014 版)的作用和适用范围

《江苏省安装工程计价定额》(2014 版)是完成规定计量单位分项工程计价所需的人工、材料、施工机械台班的消耗量标准,是安装工程预算工程量计算规则、项目划分、计量单位的依据;是编制设计概算、施工图预算、招标控制价(标底)、确定工程造价的依据;也是编制安装工程概算定额、概算指标、投资估算指标的基础;还可作为制定企业定额和投标报价的基础。

3.《江苏省安装工程计价定额》(2014 版)编制的依据

《江苏省安装工程计价定额》(2014 版)是依据国家现行的有关产品标准、设计规范、计价规范、计算规范、施工及验收规范、技术操作规程、质量评定标准和安全规程编制的,也参考了行业、地方标准,以及有代表性的工程设计、施工资料和其他资料。

本定额是按照目前国内大多数施工企业采用的施工方法、机械化装备程度、合理的工期、施工工艺和劳动组织条件制定的。

4.《江苏省安装工程计价定额》(2014 版)单价的确定

(1) 人工工日单价:不分列工种和技术等级,一律以综合工日表示。一类工每工日 77 元,二类工每工日 74 元,三类工每工日 69 元,

(2) 材料单价:采用南京市 2013 年下半年的材料预算价格标准。

（3）机械台班单价:按《江苏省施工机械台班 2007 年单价表》取定,其中人工工资单价 82.00 元/工日、汽油 10.64 元/kg、柴油 9.03 元/kg、煤 10.1 元/kg、电 0.89 元/(kW/h)、水 4.70 元/m³。

三、安装工程预算定额的组成

无论是全国统一安装工程预算定额还是地区安装定额,一般均由封面、扉页、版权页、颁发文、总说明、册说明、目录、章说明、定额表、附注和附录等组成。

1. 总说明

总说明主要介绍定额的内容、适用范围、编制依据、适用条件和工作内容,人工、材料、机械台班消耗量和预算单价的确定方法及确定依据,有关费用(如水平和垂直运输等)的说明,定额的使用方法、使用中应注意的事项和有关问题的说明等。

2. 册说明

册说明主要介绍该册定额的内容、适用范围、编制依据、适用条件和工作内容,有关费用(如脚手架搭拆费、高层建筑增加费、工程超高增加费等)的计取方法和定额系数的规定,该册定额包括的工作内容和不包括的工作内容,定额的使用方法、使用中应注意的事项和有关问题的说明等。

3. 目录

目录为查找、检索定额项目提供方便,包括章、节名称和页码。

4. 章说明

章说明主要说明本章分部工程定额中包括的主要工作内容和不包括的工作内容,使用定额的一些基本规定和有关问题的说明(例如界限划分、适用范围等)。

5. 定额表

定额表是定额的重要内容。它将安装工程基本构造要素有机组合,并按章—节(项)—分项(类型)—子目(工程基本构造要素)等次序排列起来,还将其按排列的顺序编号,以便检索。定额表主要包括下列内容:

① 分项工程的工作内容,一般列在项目表的表头;

② 各分项工程的计量单位及完成该计量单位分项工程所需的人工消耗量、材料和机械台班消耗的种类和数量标准(实物消耗量);

③ 预算定额基价,即人工费、材料费、机械台班使用费(消耗量的货币指标);

④ 人工工日、材料、机械台班单价(定额预算价);

⑤ 在定额表的下方还有附注,用于解释一些定额章节说明中未尽的问题。

6. 附录

附录放在每篇定额表之后,为使用定额提供参考数据。一般包括材料、元件、构件等的质量表、配合比表、主要材料损耗率表、材料价格表、施工机械台班单价表等。

四、安装工程预算定额表的结构形式和内容

表 1-8-1 所示为《江苏省安装工程计价定额》第十册第一章"室内给排水、采暖管道"中"室内给水塑料管(热熔、电熔连接)"子目的格式和内容。

表 1-8-1　室内给水塑料管(热熔、电熔连接)

工作内容:留堵孔洞、切管、热熔电熔管件、管道安装、调直、管架安装、水压试验　　　　计量单位:10 m

定额编号				10-236		10-237		10-238	
项目		单位	单价	公称直径/管外径/mm					
				32/40		40/50		50/63	
				数量	合计	数量	合计	数量	合计
综合单价		元		151.07		177.93		179.16	
其中	人工费	元		87.32		103.60		103.60	
	材料费	元		16.42		18.37		18.99	
	机械费	元		1.06		1.06		1.67	
	管理费	元		34.05		40.40		40.40	
	利润	元		12.22		14.50		14.50	
二类工		工日	74.00	1.18	87.32	1.40	103.60	1.40	103.60
材料	14311503　PPR 给水管	m	—	(10.20)	—	(10.20)	—	(10.20)	—
	19110106　管道托钩 DN32	个	1.8	8.31	14.96	—	—	—	—
	19110107　管道托钩 DN40	个	2.2	—	—	7.63	16.79	—	—
	19110107　管道托钩 DN34	个	2.47	—	—	—	—	6.94	17.14
	其他材料费	元		—	—		1.46		1.58		1.85
机械	99250905　热熔焊接机　SH-63	台班	15.19	0.07	1.06	0.07	1.06	0.11	1.67

安装工程预算定额表各子目的主要内容如下。

(1)工作内容。

(2)资源。所消耗的人工、材料、机械,即通常所说的"工、料、机"。

(3)资源消耗量。人工工日数量、各种材料数量、机械台班数量。

(4)资源预算单价。其中,人工工日单价为"元/工日";各种辅助材料单价为"元/米(或千克等)";机械台班单价为"元/台班"。

(5)综合单价。

综合单价=人工费+材料费+机械费+管理费+利润

其中:　　　　　　　　人工费=综合工日数×综合工日单价

材料费 $= \sum$ 各种材料数量×材料单价

$$机械费＝台班数×台班单价$$
$$管理费＝人工费×管理费利率$$
$$利润＝人工费×利润利率$$

① 人工费：人工工日不分列工种和技术等级，一律以综合工日表示，内容包括基本用工、超运距用工和人工幅度差。每工日按 8 小时计算。

综合工日单价可以参照工程所在地工程造价管理机构的规定，人工综合工日单价可以根据实际情况结合当地相关规定进行调整。

② 材料费：安装预算定额中材料分为两类。

第一类是计价材，也称为辅材。计价材是指在定额中既给出材料的消耗数量，又给出材料预算单价的材料。这一类材料种类较多，但是一般在预算中所占费用较低，对预算造价影响较小，故一般基价中材料费是指这部分辅材的价值。

第二类是未计价材，也称为主材。在定额项目表下方的材料表中，有的数据是用"（）"括起来的，括号内的数据是该材料的消耗量（该消耗量不允许调整），但在定额中未给出其单价，基价中的材料费未包括其价格。这一类材料往往在预算中所占材料费比例较大，对预算造价影响也较大，故应作为安装预算中的重点控制对象。在编制预算时需要对这部分材料单独计价。

③ 机械费：机械台班消耗量是按正常合理的机械配备和大多数施工企业的机械化装备程度综合取定的。实际施工中品种、规格、型号、数量与定额不一致时，除章节说明中另有说明外，均不作调整。

机械台班单价是按原建设部颁发的《全国统一施工机械台班费用定额》计算的，各省、自治区、直辖市结合当地的有关规定计算。

④ 管理费：安装工程是按人工费的一定比例计算。

⑤ 利润：安装工程是按人工费的一定比例计算。

五、定额的计量单位

1. 计量单位的选择

确定分部分项工程的定额指标，包括选择计量单位，计算工程量和确定劳力、材料的消耗和机械台班使用量指标等工作内容。

（1）长度：mm、cm、m、km；

（2）面积：mm^2、cm^2、m^2；

（3）体积或容积：L、m^3；

（4）质量：g、kg、t。

定额计量单位的选择，主要根据结构构件或分项工程的形体特征和变化规律确定，一般来说，当构件的三个度量都发生变化时，采用"m^3"为计量单位，如木材、保温材料。如果物体的三个度量中有两个度量不固定，采用"m^2"为计量单位，如管面、钢材、刷油保温等工程。如果物体截面大小固定，则采用"延长米（m）"（或 km）为计量单位，如管道、铁路等工程。

2. 定额单位

① 人工:工日,2 为小数。

② 机械:台班,3 为小数。

③ 材料:其中主要材料,钢材计量单位为"t",取 3 位小数;水泥计量单位为"kg",取 2 位小数;木材计量单位为"m³",取 3 位小数。

④ 综合单价:计量单位为"元",取 2 位小数。

任务 2 套用定额时应注意的问题

套用定额时,应认真阅读定额各章节前面的说明和规定。第十册、第十一册说明中应注意以下问题。

一、管道安装套用定额时应注意的问题

(1) 管道安装包括的内容(见定额章节说明)如下。

① 管道及接头零件安装。

② 水压试验或灌水试验、燃气管道的气压实验。

③ 室内 DN32 以内(≤DN32)钢管包括管卡及托钩制作安装。

④ 钢管包括弯管制作与安装(伸缩器除外),无论是现场煨制或成品弯管均不得换算。

⑤ 铸铁排水管、雨水管及塑料雨水管均包括管卡及托吊支架、臭气帽、雨水漏斗制作安装。

(2) 管道安装不包括的内容如下。

① 室内外管道沟土方及管道基础,按相应项目另行计算。

② 管道安装中不包括法兰,阀门及伸缩器的制作、安装,按相应项目另行计算。

③ 室内外给水、雨水铸铁管包括接头零件所需的人工,但接头零件价格应另行计算。

④ DN32 以上(>DN32)钢管支架按管道支架另行计算。

⑤ 燃气管道室外管道的所有带气碰头。

⑥ 承插煤气铸铁管(柔性机械接口)安装,定额内未包括接头零件,可按设计数量另行计算,但人工、机械不变。

(3) 套用管道安装定额时,应分清是室内工程还是室外工程。

(4) 所有管道安装定额中都已包括了安装管道及接头零件的安装,一般给水排水管道安装的未计价主材都为管道,而室内给水塑料管(黏结、热熔、电熔连接)、室内给水塑料复合管安装子目,其未计价主材为除了塑料管道外,还应包括管件,即管件费按实另行计算。

计算方法有如下两种。

① 按图纸计算实际使用数量。

② 可以参照定额附录中提供的管道接头零件的数量计算。

二、套管安装套用定额时应注意的问题

（1）套管制作和安装，适用于穿过基础、墙、楼板等部位的防水套管、填料套管、无填料套管及防火套管等，分别套用相应的定额。

（2）本章中的刚性防水套管的制作安装，适用于一般工业及民用建筑中的有防水要求的套管；工业管道、构筑物等有防水要求的套管，执行《江苏省安装工程计价定额》第八册《工业管道工程》中的相应定额。

（3）刚性防水套管、钢套管的制作安装定额中的材料费已包括制作套管的材料的费用，定额子目中没有未计价主材。而塑料套管的制作安装定额中的材料费也未包括制作套管的材料的费用，定额子目中有未计价主材。

三、支架安装套用定额时应注意的问题

（1）支架制作定额中的材料费未包括制作套管的型钢材料的费用，未计价主材型钢的材料费需另计。

（2）成品支架安装只执行支架安装项目，不再计取制作费。

（3）单件支架质量 100 kg 以上的管道支架，执行设备支架的制作安装。

四、管道试压套用定额时应注意的问题

管道试压工作已包括在室内外管道安装项目的工作内容中（见管道安装定额子目的"工作内容"），所以一般情况下不需要单独计算管道试压项目的工程量及安装费用。只有在有特殊要求需要进行二次压力试验时才可以单独执行管道压力试验项目。

五、管道附件套用定额时应注意的问题

（1）螺纹阀门安装定额使用在各种内外螺纹连接的阀门安装。

（2）法兰阀门定额安装使用在各种法兰阀门安装，如仅为一侧法兰连接时，定额中的法兰、带帽螺栓及钢垫圈数量减半。法兰阀门安装定额又分为螺纹法兰阀门和焊接法兰阀门。这里的连接方式是指法兰与管道的连接方式。

六、实践环节 项目1定额套用练习

套用定额《江苏省安装工程计价定额》第十册、第十一册，分部分项工程计算表格式如表1-8-2所示。

表 1-8-2　分部分项工程费计算表（局部）

定额编号	定额名称	定额单位/m	主材定额含量	数量	综合单价 基价	综合单价 其中人工费	合价 基价	合价 其中人工费	主材单价	主材合价
10-160	镀锌钢管螺纹连接 DN20	10		4.53	252.07	141.34	1 141.86	640.27		
主材	镀锌钢管 DN20		10.200	46.21					10.08	465.76
10-161	镀锌钢管螺纹连接 DN25	10		1.20	307.27	170.20	368.72	204.24		
主材	镀锌钢管 DN25		10.200	12.24					14.93	182.74
10-163	镀锌钢管螺纹连接 DN40	10		1.54	360.16	202.76	553.93	311.84		
主材	镀锌钢管 DN40		10.200	15.69					23.71	371.95
10-292	铸铁管承插连接 DN50	10		4.00	379.53	179.08	1 518.12	716.32		
主材	铸铁管 DN50		8.800	35.20					20.59	724.77
	……									664.14

单元 1.9 工程预算资源价格的确定

【能力目标】
①能够上网查询材料价格；②根据网上询价，确定材料预算价。

【知识目标】
①掌握工、料、机预算单价的组成和确定；②掌握定额主材的概念。

任务 1 工程预算定额人工、机械台班、材料单价的确定

一、工程预算定额人工日工资单价的确定

1. 人工日工资单价概念

人工日工资单价是指施工企业平均技术熟练程度的生产工人在每工作日（国家法定工作时间内）按规定从事施工作业应得的日工资总额。合理确定人工工日单价是正确计算人工费和工

程造价的前提和基础。

2．人工日工资单价的组成

人工日工资单价由计时工资或计件工资、奖金、津贴补贴、加班加点工资及特殊情况下支付的工资组成。

（1）计时工资或计件工资。计时工资或计件工资是指按计时工资标准和工作时间或对已做工作按计件单价支付给个人的劳动报酬。

（2）奖金。奖金是指对雇员的超额劳动和增收节支行为，支付给个人的劳动报酬，如节约奖、劳动竞赛奖等。

（3）津贴补贴。津贴补贴是指为了补偿职工特殊或额外的劳动消耗和因其他特殊原因支付给个人的津贴，以及为了保证职工工资水平不受物价影响支付的物价补贴。如流动施工津贴、特殊地区施工津贴、高温（寒）作业临时津贴、高空作业津贴等。

（4）加班加点工资。加班加点工资是指按规定支付的在法定节假日工作的加班工资和在法定日工作时间外延时工作的加点工资。

（5）特殊情况下支付的工资。特殊情况下支付的工资是指根据国家法律、法规和政策规定，因病、工伤、产假、计划生育假、婚丧假、事假、探亲假、定期休假、停工学习、执行国家或社会义务等原因按计时工资标准或计时工资标准的一定比例支付的工资。

3．人工日工资单价确定的依据和方法

人工日工资单价确定的依据和方法是根据国家和行业现行的工资制度和规定确定的。

（1）年平均每月法定工作日。由于人工日工资单价是每一个法定工作日的工资总额，因此需要对年平均每月法定工作日进行计算，计算公式如下

$$年平均每月法定工作日 = \frac{全年日历日 - 法定假日}{12}$$

公式中，法定假日指双休日和法定节日。

（2）日工资单价的计算。确定了年平均每月法定工作日后，将上述工资总额进行分摊，即形成了人工日工资单价。计算公式如下

$$日工资单价 = \frac{（计时、计件）生产工人平均月工资 + 平均月（奖金 + 津贴补贴 + 特殊情况下支付的工资）}{年平均每月法定工作日}$$

4．人工日工资单价的管理

定额人工单价不分列工种和技术等级，一律以"综合工日"表示，内容包括基本用工、超运距用工和人工幅度差。每工日按 8 小时计算。

虽然施工企业投标报价时可以自主确定人工费，但由于人工日工资单价在我国具有一定的政策性，因此工程造价管理机构也需要确定人工日工资单价。工程造价管理机构确定日工资单价应通过市场调查，根据工程项目的技术要求，参考实物工程量人工单价综合分析确定，发布的最低日工资单价不得低于工程所在地人力资源和社会保障部门所发布的最低工资标准，即普工1.3倍、一般技工2倍、高级技工3倍。

人工日工资单价可以根据实际情况结合当地相关规定进行调整。

5. 影响人工日工资单价的因素

影响人工日工资单价的因素很多,归纳起来有以下方面。

(1) 社会平均工资水平。建筑安装工人人工日工资单价必然和社会平均工资水平趋同。社会平均工资水平取决于经济发展水平。由于经济的增长,社会平均工资也会增长,从而影响人工日工资单价的提高。

(2) 生活消费指数。生活消费指数的提高会影响人工日工资单价的提高,以减少生活水平的下降,或维持原来的生活水平。生活消费指数的变动取决于物价的变动,尤其取决于生活消费品物价的变动。

(3) 劳动力市场供需变化。劳动力市场如果需求大于供给,人工日工资单价就会提高;若供给大于需求,市场竞争激烈,人工日工资单价就会下降。

(4) 政府推行的社会保障和福利政策也会影响人工日工资单价的变动。

二、工程预算定额材料单价的确定

1. 材料单价的概念

材料单价是指材料(包括构件、成品及半成品等)从其来源地(或交货地点、供应者仓库提货地点)到达施工工地仓库(施工地点内存放材料的地点)后出库的综合平均价格。

2. 材料单价的组成和确定方法

材料单价是由材料原价(或供应价格)、材料运杂费、运输损耗费、采购及保管费组成的。

(1) 材料原价(或供应价格)。材料原价是指国内采购材料的出厂价格,国外采购材料抵达买方边境、港口或车站并交完各种手续费、税费后形成的价格。

(2) 材料运杂费。材料运杂费是指国内采购材料自来源地、国外采购材料自到岸港运至工地仓库或指定堆放地点发生的费用。含外埠中转运输过程中发生的一切费用和过境过桥费用,包括调车和驳船费、装卸费、运输费及附加工作费。

同一品种的材料如有若干个来源地,其运输费用可根据每个来源地的运输里程、运输方法和运价标准,用加权平均的方法计算运输费。

(3) 运输损耗费。在材料的运输中应考虑一定的场外运输损耗费用。这是指材料在运输装卸过程中不可避免的损耗。运输损耗费的计算公式如下

$$运输损耗费=(材料原价+运杂费)×相应材料损耗率$$

(4) 采购及保管费。采购及保管费是指为组织采购、供应和保管材料、工程设备的过程中所需要的各项费用。包括采购费、仓储费、工地保管费、仓储损耗等。采购及保管费按规定费率计算,计算公式如下

$$采购及保管费=材料运到工地仓库价格×采购及保管费率$$

以上四项费用之和即是材料单价,计算公式如下

材料单价＝［（供应价＋运杂费）×（1＋运输损耗率）］×（1＋采购及保管费率）

三、工程预算定额机械台班单价的确定

1. 机械台班单价的概念

机械台班单价是指一台施工机械,在正常运转条件下,一个工作班中所发生的全部费用,每台班按 8 小时工作制计算。根据《2001 年全国统一施工机械台班费用编制规则》的规定,施工机械台班单价共包括七项:折旧费、大修理费、经常修理费、安拆费及场外运输费、燃料动力费、机上人工费、其他费用等。

2. 机械台班单价的组成

（1）折旧费。折旧费是指施工机械在规定使用期限内,每一台班所摊的机械原值及支付贷款利息的费用。

（2）大修理费。大修理费是指施工机械按规定的大修间隔台班进行必须的大修,以恢复其正常功能所需的全部费用。

（3）经常修理费。经常修理费是指机械在寿命期内除大修理以外的各级保养（包括一、二、三级保养）,以及临时故障排除和机械停置期间的维护等所需各项费用。为保障机械正常运转所需替换设备,随机工具器具的摊销费用及机械日常保养所需润滑、擦拭材料费之和,分摊到台班费中,即为台班经常修理费。

（4）安拆费及场外运输费。

① 安拆费是指机械在施工现场进行安装、拆卸所需人工、材料、机械和试运转费用,包括机械辅助设施（如基础、底座、固定锚桩、行走轨道、枕木等）的折旧、搭设、拆除等费用。

机械安拆费及场外运费中不包括"大型机械进出场及安拆费",另按措施项目费中的"大型机械进出场及安拆费"执行。

② 场外运输费是指施工机械整体或分体自停放地点运至施工现场,或由一施工地点运至另一施工地点的运输、装卸、辅助材料及架线等费用。

（5）燃料动力费。燃料动力费是指机械在运转或施工作业中所耗用的固体燃料（煤炭、木材）、液体燃料（汽油、柴油）、电力、水和风力等费用。

（6）机上人工费。机上人工费是指机上司机或副司机、司炉人员的基本工资和其他工资性津贴（年工作台班以外的机上人员基本工资和工资性津贴以增加系数的形式表示）。

（7）其他费用。其他费用是指按国家和有关部门规定应缴纳的车船使用税、保险费及年检费等。车船使用税是指机械按照国家有关规定应缴纳的税,按各省、自治区、直辖市规定标准计算后列入定额。

任务 2 主材价格的确定

一、定额中材料的表现形式

安装预算定额中材料分为两类。

第一类是计价材,也称为辅材。计价材是指其价值已计入定额基价中。定额基价中材料费就是指这部分辅材的价值。在定额中既给出材料的消耗数量,又给出材料预算单价的材料。这一类材料种类较多,但在预算中所占费用较低,对预算造价影响较小。

第二类是未计价材,也称为主材。基价中的材料费未包括这部分未计价主材的价值。这一类材料往往在预算中所占材料费比例较大,对预算造价影响也较大。在编制预算时需要对这部分材料单独计价。未计价主材又分为以下两类。

1. 定额未计价主材

(1) 表示形式。在定额项目表下方的材料表中,有的数据是用"( )"括起来的,括号内的数据是该材料的消耗量(该消耗量不允许调整),但在定额中未给出其单价。

(2) 定额含量的概念:

定额含量主材用量＝定额单位用量×(1＋施工损耗率)

例如:某电气照明工程中,电线管 DG20 在砖混结构中暗配,套用预算定额编号 2-982,该子目的定额单位为 100 m,该子目材料表中列出的一种材料电线管表示为(103.00)。

其含义为:

① 该子目的未计价主材为 DG20 电线管。

② 电线管的定额含量主材用量为 103.00 m,即每安装 100 mDG20 电线管管线,需要耗用的主材电线管材料为 103.00 m。施工损耗率为 3%。

定额含量主材用量＝定额单位用量×(1＋施工损耗率)＝100.00×(1＋3%)m＝103.00 m

2. 定额未列含量的主材

这类材料在定额子项目表下方的材料表中未列出,也没有给出其定额含量,需要预算人员自己计算其用量。一般在定额表下面的注解中,注明未计价主材的材料名称。

例如,电气工程中电缆敷设等子目中,定额材料表中未列出"电缆"这一材料,也未编列其定额含量。

计算定额未列含量的主材可按施工图图示设计用量,按定额规定的材料施工损耗率计算出定额含量,然后再计算出主材的价值。材料施工损耗率可在定额后面的附录表"主要材料损耗率表"中查取。计算公式如下:

定额未编列的主材定额含量＝定额单位用量×(1＋施工损耗率)

主材实际用量＝工程量×定额未编列的主材定额含量

主材价值＝主材实际用量×主材预算价格

例如，某电气配电工程中，敷设铝芯电力电缆，套用预算定额编号 2-610，该子目的定额单位为 100 m。铝芯电力电缆的工程量为 350 m。

在附录表"主要材料损耗率表"中查取电力电缆的施工损耗率为 1.0%，则

定额未编列的主材定额含量＝定额单位用量×(1＋施工损耗率)

$$= 100.00×(1＋1.0\%)m = 101.00 \ m$$

主材实际用量＝工程量/定额单位×定额未编列的主材定额含量

$$= 350÷100×101.00 \ m = 3.5×101.00 \ m = 353.5 \ m$$

二、未计价主材预算单价

未计价主材采用预算价格，可以在常用的工程造价管理相关网站或期刊上查取，如江苏省常用的《江苏工程造价信息》《南京工程造价管理》《江苏省建筑安装材料价格信息》等。

另外，还可以调查材料的市场价格，按市场价格确定其单价。

三、未计价主材价值

未计价主材价值＝未计价主材实际用量×未计价主材预算单价

例如，在上例中，主材预算价格为 56 元/m，则

未计价主材价值＝353.5 m×56 元/m＝19 796 元

四、实践环节 计算项目1中的主材价值

项目 1 中主材单价是通过查阅《江苏省建筑安装材料价格信息》最新价格来确定的，按上述方法计算项目 1 工程预算中的主材价值，如表 1-9-1 所示。

表 1-9-1 分部分项工程费计算(局部)

定额编号	定额名称	定额单位/m	主材定额含量	数量	综合单价		合价		主材单价	主材合价
					基价	其中人工费	基价	其中人工费		
10-160	镀锌钢管螺纹连接 DN20	10		4.53	252.07	141.34	1 141.86	640.27		
主材	镀锌钢管 DN20		10.200	46.21					10.08	465.76
10-161	镀锌钢管螺纹连接 DN25	10		1.20	307.27	170.20	368.72	204.24		
主材	镀锌钢管 DN25		10.200	12.24					14.93	182.74
10-163	镀锌钢管螺纹连接 DN40	10		1.54	360.16	202.76	553.93	311.84		
主材	镀锌钢管 DN40		10.200	15.69					23.71	371.95
10-292	铸铁管承插连接 DN50	10		4.00	379.53	179.08	1 518.12	716.32		
主材	铸铁管 DN50		8.800	35.20					20.59	724.77
	……									664.14

单元 *1.10* 工程造价的确定

【能力目标】
①学会计算几种常见的增加费;②学会按工程造价计算程序确定工程造价。

【知识目标】
①了解几种常见的增加费的概念及计算方法;②掌握工程造价费用的组成。

任务 **1** 常用增加费的计算

一、几项常用增加费的使用方法

安装工程预算定额主要编制了安装工程中各分项工程的消耗量标准,而有的辅助工作,如脚手架搭拆等工作,定额就没有专门列项制目。虽然某些安装工程需要脚手架搭拆,但不如建筑工程搭拆脚手架工作量那么大,由于安装工程的脚手架搭拆工作量小,不必也不便列目制定定额。对这一项费用的计算,采取按人工费的百分比或用系数的方法进行计算。这些系数可分为子目系数和综合系数,它们列在各专业定额册的册说明中或定额总说明中。

一般情况下定额各章节中所规定的系数、高层建筑增加系数、超高系数等是子目系数,而脚手架搭拆系数、安装与生产同时进行增加系数等是综合系数,是以单位工程全部人工费为基础计算的一种费用,子目系数是综合系数的计算基数。由于各专业安装工程的特点与要求不同,各册规定的系数值就不尽相同,但计算方法却是一致的。

子目系数的计费基数为定额人工费,综合系数的计费基数为全部人工费。

全部人工费=定额人工费+子目系数中的人工费

二、几项常用增加费的种类

根据住房和城乡建设部、财政部关于印发《建筑安装工程费用项目组成》的通知(建标〔2013〕44 号)中的规定,这几项常用增加费都属于单价措施项目费用。下面逐一进行介绍。

1. 高层建筑增加费——子目系数

高层建筑安装施工,生产效率较一般建筑肯定要降低,为了弥补人工的降效,而计取高层建筑增加费。

高层建筑,即安装工程预算定额定义为层数在 6 层以上(不含 6 层)或高度在 20 m 以上(不含 20 m)的工业与民用建筑(只要满足其中一个条件),应按定额规定计取高层建筑增加费。

建筑物高度是指自设计室外地坪至檐口滴水的垂直高度,不包括屋顶水箱、楼梯间、电梯间、女儿墙等高度。

高层建筑增加费发生的范围包括暖气、给排水、生活用煤气、通风空调、电气照明工程及保温、刷油等部分。其发生费用全部计入直接工程费中。

高层建筑增加费的计取为:计费基数×定额规定费率。计费基数是全部工程的人工费(包括 6 层或 20 m 以下工程)。

【例 1-10-1】 某 13 层的建筑电气设备安装工程,高层建筑增加费率为 9%,该建筑物电气设备安装工程的全部人工费为 30 000 元,试求其高层建筑增加费。

【解】 该工程高层建筑增加费为:(30 000×9%)元＝2 700 元。

其中,人工费占 22%,则高层建筑增加费中的人工费为 2 700×22%元＝594 元。

同一建筑物有不同高度时,应分别按不同高度计取高层建筑增加费。例如,某民用建筑物有高度为 39 m 的 A 区,有高度为 29 m 的 B 区,还有高度为 15 m 的 C 区,则 A、B 两区分别以其全部工程量的人工费乘以其相应的费率计取高层建筑增加费,而 C 区则不能计取高层建筑增加费。

高层建筑增加费可以和超高增加费同时计取。

高层建筑增加费费率因各专业不同,计算时要根据各专业定额规定费率进行计算。

2. 工程超高增加费——子目系数

《全国统一安装工程预算定额》是按安装操作物高度在定额规定高度以下施工条件编制的,定额功效也是在这个施工条件下测定的数据。如果实际操作物的高度超过定额规定高度,将会引起人工降效,为弥补操作物超高引起的人工降效,需要计取超高增加费。其发生费用全部计入直接工程费中。

操作物的高度定义为:有楼层的为楼地面至安装物的距离;无楼层的为操作地面至操作物的距离。安装工程预算定额中,各个分册的定额操作高度规定是不同的,例如第四册《电气设备安装工程》的定额规定的操作高度为 5 m;第十册《给排水、采暖、燃气工程》的定额规定的操作高度为 3.6 m。

《全国统一安装工程预算定额》中超高增加费的计取方法为:
$$超高增加费＝计费基数×超高系数$$

计费基数是操作物高度在定额规定高度以上的那一部分工程的人工费,没有超过定额高度的工程量不能计取超高增加费。例如,第四册《电气设备安装工程》说明中规定:操作物高度离楼地面 5 m 以上、20 m 以下的电气安装工程,按超高部分人工费的 33% 计算。

【例 1-10-2】 某建筑物实际层高为 5.5 m,要安装顶棚上的吸顶灯,安装高度就超过了定额规定高度,因此应该以其超过部分(即 5 m 以上)的人工费为计费基数,乘以规定的超高系数(在此为 33%)计取超高增加费;而在同一建筑内安装在墙上的离地面高度分别为 2.5 m 和 1.5 m

的壁灯和开关,因其高度没有超过定额规定高度,就不能计取超高增加费。

3. 脚手架搭拆费——综合系数

安装工程脚手架搭拆费的计取方法是:计费基数×脚手架搭拆费系数。因为脚手架搭拆费系数为综合系数,所以其计费基数是工程全部人工费,即包括按子目系数计取的费用中的人工费。脚手架搭拆费系数各专业不相同,在各分册说明中有规定。

查各册定额,如第四册和第十册,其有关说明如下。

第四册说明中规定:脚手架搭拆费按人工费的 4% 计算,其中人工工资为 25%。

第十册说明中规定:脚手架搭拆费按人工费的 5% 计算,其中人工工资为 25%。

【例 1-10-3】 某采暖工程的人工费为 8 000 元,其中刷油工程的人工费为 1 200 元,绝热工程的人工费为 800 元。则有

刷油工程的脚手架搭拆费为: $\qquad$ 1 200×8%元=96 元

绝热工程的脚手架搭拆费为: $\qquad$ 800×20%元=160 元

其余采暖安装工程脚手架搭拆费为: $\qquad$ (8 000−1 200−800)×5%元=300 元

脚手架搭拆费共计为: $\qquad$ (96+160+300)元=556 元

【例 1-10-4】 计算例 1-10-1 中电气设备安装工程中的脚手架搭拆费、脚手架搭拆费中的人工费及该工程总人工费。

【解】 因该建筑物电气设备安装工程的全部人工费为 30 000 元,其高层建筑增加费为 30 000×9%元=2 700 元,其中的人工费为(2 700×22%)元=594 元。则该工程的脚手架搭拆费的计费基数应该包括高层建筑增加费中的人工费,即

$$(30\ 000+594)元=30\ 594\ 元$$

第四册规定的脚手架搭拆费系数为 4%,其中人工费占 25%。

脚手架搭拆费为: $\qquad$ 30 594×4%元=1 223.76 元

脚手架搭拆费中的人工费为: $\qquad$ 1 223.76×25%元=305.94 元

该工程总人工费为: $\qquad$ (30 000+594+305.94)元=30 899.94 元

4. 安装与生产同时进行增加费——综合系数

因生产操作干扰了安装施工的正常进行而使工效降低时,为了弥补工效的降低,要计算该项费用。

计取方法: $\qquad$ 全部工程人工费×定额规定的费率

5. 在损害身体健康环境中施工增加费——综合系数

计取方法: $\qquad$ 全部工程人工费×定额规定的费率

以上系数各省规定与全国统一定额可能有所不同,使用时需结合本地区实际情况。

以上各种常用增加费计算的有关规定,在定额各册的各个章节说明中,都有详细介绍。

三、第十册中关于计取各种增加费的有关规定

(1) 脚手架搭拆费:按人工费的 5% 计算,其中人工工资为 25%。

(2) 高层建筑增加费按表 1-10-1 计算。

表 1-10-1　高层建筑增加费表

楼　　层	9层以下	12层以下	15层以下	18层以下	21层以下	24层以下	27层以下	30层以下	33层以下	36层以下	40层以下
按人工费的百分比/(%)	12	17	22	27	31	35	40	44	48	53	58
其中:人工费占百分比/(%)	17	18	18	22	26	29	33	36	40	42	43
机械费占百分比/(%)	83	82	82	78	74	71	68	64	60	58	57

（3）超高增加费:定额中操作高度均以 3.6 m 为界,如超过 3.6 m 时,其超过部分(指 3.6 m 至操作物高度)的定额人工费乘以下列系数(见表 1-10-2)。

表 1-10-2　超高增加费表

标高/m	3.6~8	3.6~12	3.6~16	3.6~20
超高系数	1.10	1.15	1.20	1.25

（4）采暖工程系统调整费:按采暖工程人工费的 15% 计算,其中人工工资占 20%。

任务 2　安装工程预算造价费用的组成

建筑安装工程产品同其他产品一样,具有价值和使用价值。建筑安装工程产品的使用价值表现在它所具有的使用功能和提供的使用条件,可以满足人们生产和生活的某些需求,具有存在的必要性和实用性。同时,建筑安装工程产品作为商品,为了适应流通和交换的需求,也必然具有价值。建筑安装工程产品价值的构成具有与其他商品相同的模式。

建筑安装工程造价是指工程建设中建筑安装工程的费用,是工程建设施工图设计阶段建筑安装工程价值的货币表现。

根据"建标〔2013〕44 号"文,我国现行规定的建筑安装工程费用有如下两种组成形式。

（1）建筑安装工程费用项目按费用构成要素组成划分为人工费、材料费、施工机具使用费、企业管理费、利润、规费和税金。

（2）为指导工程造价专业人员计算建筑安装工程造价,将建筑安装工程费用按工程造价形成顺序划分为分部分项工程费、措施项目费、其他项目费、规费和税金。

下面分别介绍这两种费用构成内容。

一、建筑安装工程费用项目组成（按费用构成要素划分）

建筑安装工程费按照费用构成要素划分为人工费、材料(包含工程设备,下同)费、施工机具使用费、企业管理费、利润、规费和税金。其中人工费、材料费、施工机具使用费、企业管理费和利润包含在分部分项工程费、措施项目费、其他项目费中(见图 1-10-1)。

（一）人工费

人工费是指按工资总额构成规定，支付给从事建筑安装工程施工的生产工人和附属生产单位工人的各项费用。其内容包括以下几点。

（1）计时工资或计件工资：是指按计时工资标准和工作时间或对已做工作按计件单价支付给个人的劳动报酬。

（2）奖金：是指对超额劳动和增收节支支付给个人的劳动报酬。如节约奖、劳动竞赛奖等。

（3）津贴补贴：是指为了补偿职工特殊或额外的劳动消耗和因其他原因支付给个人的津贴，以及为了保证职工工资水平不受物价影响支付给个人的物价补贴。例如：流动施工津贴、特殊地区施工津贴、高温（寒）作业临时津贴、高空津贴等。

（4）加班加点工资：是指按规定支付的在法定节假日工作的加班工资和在法定日工作时间外延时工作的加点工资。

（5）特殊情况下支付的工资：是指根据国家法律、法规和政策规定，因病、工伤、产假、计划生育假、婚丧假、事假、探亲假、定期休假、停工学习、执行国家或社会义务等原因按计时工资标准或计时工资标准的一定比例支付的工资。

（二）材料费

材料费是指施工过程中耗费的原材料、辅助材料、构配件、零件、半成品或成品、工程设备的费用。其内容包括以下几点。

（1）材料原价：是指材料、工程设备的出厂价格或商家供应价格。

（2）运杂费：是指材料、工程设备自来源地运至工地仓库或指定堆放地点所发生的全部费用。

（3）运输损耗费：是指材料在运输装卸过程中不可避免的损耗。

（4）采购及保管费：是指为组织采购、供应和保管材料、工程设备的过程中所需要的各项费用。包括采购费、仓储费、工地保管费、仓储损耗。

工程设备是指构成或计划构成永久工程一部分的机电设备、金属结构设备、仪器装置及其他类似的设备和装置。

（三）施工机具使用费

施工机具使用费是指施工作业所发生的施工机械、仪器仪表使用费或其租赁费。

1. 施工机械使用费

施工机械使用费以施工机械台班耗用量乘以施工机械台班单价表示，施工机械台班单价应由下列七项费用组成。

（1）折旧费：指施工机械在规定的使用年限内，陆续收回其原值的费用。

（2）大修理费：指施工机械按规定的大修理间隔台班进行必要的大修理，以恢复其正常功能所需的费用。

（3）经常修理费：指施工机械除大修理以外的各级保养和临时故障排除所需的费用。包括为保障机械正常运转所需替换设备与随机配备工具附具的摊销和维护费用，机械运转中日常保养所需润滑与擦拭的材料费用及机械停滞期间的维护和保养费用等。

（4）安拆费及场外运费：安拆费指施工机械（大型机械除外）在现场进行安装与拆卸所需的人工、材料、机械和试运转费用以及机械辅助设施的折旧、搭设、拆除等费用；场外运费指施工机械整体或分体自停放地点运至施工现场或由一施工地点运至另一施工地点的运输、装卸、辅助材料及架线等费用。

（5）人工费：指机上司机（司炉）和其他操作人员的人工费。

（6）燃料动力费：指施工机械在运转作业中所消耗的各种燃料及水、电费等。

（7）税费：指施工机械按照国家规定应缴纳的车船使用税、保险费及年检费等。

2. 仪器仪表使用费

仪器仪表使用费是指工程施工所需使用的仪器仪表的摊销及维修费用。

（四）企业管理费

企业管理费是指建筑安装企业组织施工生产和经营管理所需的费用，其内容包括以下几种。

1. 管理人员工资

管理人员工资是指按规定支付给管理人员的计时工资、奖金、津贴补贴、加班加点工资及特殊情况下支付的工资等。

2. 办公费

办公费是指企业管理办公用的文具、纸张、账表、印刷、邮电、书报、办公软件、现场监控、会议、水电、烧水和集体取暖降温（包括现场临时宿舍取暖降温）等费用。

3. 差旅交通费

差旅交通费是指职工因公出差、调动工作的差旅费、住勤补助费，市内交通费，误餐补助费，职工探亲路费，劳动力招募费，职工退休、退职一次性路费，工伤人员就医路费，工地转移费以及管理部门使用的交通工具的油料、燃料等费用。

4. 固定资产使用费

固定资产使用费是指管理和试验部门及附属生产单位使用的属于固定资产的房屋、设备、仪器等的折旧、大修、维修或租赁费。

5. 工具用具使用费

工具用具使用费是指企业施工生产和管理使用的不属于固定资产的工具、器具、家具、交通工具和检验、试验、测绘、消防用具等的购置、维修和摊销费。

6. 劳动保险和职工福利费

劳动保险和职工福利费是指由企业支付的职工退职金、按规定支付给离休干部的经费，集体福利费、夏季防暑降温、冬季取暖补贴、上下班交通补贴等。

7. 劳动保护费

劳动保护费是企业按规定发放的劳动保护用品的支出。如工作服、手套、防暑降温饮料以及在有碍身体健康的环境中施工的保健费用等。

8. 检验试验费

检验试验费是指施工企业按照有关标准规定，对建筑以及材料、构件和建筑安装物进行一般鉴定、检查所发生的费用，包括自设试验室进行试验所耗用的材料等费用。不包括新结构、新材料的试验费，对构件做破坏性试验及其他特殊要求检验试验的费用和建设单位委托检测机构进行检测的费用，对此类检测发生的费用，由建设单位在工程建设其他费用中列支。但对施工企业提供的具有合格证明的材料进行检测不合格的，该检测费用由施工企业支付。

9. 工会经费

工会经费是指企业按《中华人民共和国工会法》规定的全部职工工资总额比例计提的经费。

10. 职工教育经费

职工教育经费是指按职工工资总额的规定比例计提，企业为职工进行专业技术和职业技能培训，专业技术人员继续教育、职工职业技能鉴定、职业资格认定以及根据需要对职工进行各类文化教育所发生的费用。

11. 财产保险费

财产保险费是指施工管理用财产、车辆等的保险费用。

12. 财务费

财务费是指企业为施工生产筹集资金或提供预付款担保、履约担保、职工工资支付担保等所发生的各种费用。

13. 税金

税金是指企业按规定缴纳的房产税、车船使用税、土地使用税、印花税等。

14. 其他

其他包括技术转让费、技术开发费、投标费、业务招待费、绿化费、广告费、公证费、法律顾问费、审计费、咨询费、保险费等。

（五）利润

利润是指施工企业完成所承包工程获得的盈利。

（六）规费

规费是指按国家法律、法规规定，由省级政府和省级有关权力部门规定必须缴纳或计取的费用，包括以下几种。

1. 社会保险费

（1）养老保险费：是指企业按照规定标准为职工缴纳的基本养老保险费。
（2）失业保险费：是指企业按照规定标准为职工缴纳的失业保险费。
（3）医疗保险费：是指企业按照规定标准为职工缴纳的基本医疗保险费。
（4）生育保险费：是指企业按照规定标准为职工缴纳的生育保险费。
（5）工伤保险费：是指企业按照规定标准为职工缴纳的工伤保险费。

2. 住房公积金

住房公积金是指企业按规定标准为职工缴纳的住房公积金。

3. 工程排污费

工程排污费是指按规定缴纳的施工现场工程排污费。
其他应列而未列入的规费，按实际发生计取。

（七）税金

税金是指国家税法规定的应计入建筑安装工程造价内的营业税、城市维护建设税、教育费附加以及地方教育附加。

二、建筑安装工程费用项目组成（按造价形成划分）

按照工程造价形成建筑安装工程费由分部分项工程费、措施项目费、其他项目费、规费、税金组成，分部分项工程费、措施项目费、其他项目费包含人工费、材料费、施工机具使用费、企业管理费和利润（见图 1-10-1）。

（一）分部分项工程费

分部分项工程费是指各专业工程的分部分项工程应予列支的各项费用。

1. 专业工程

专业工程是指按现行国家计量规范划分的房屋建筑与装饰工程、仿古建筑工程、通用安装工程、市政工程、园林绿化工程、矿山工程、构筑物工程、城市轨道交通工程、爆破工程等各类工程。

2．分部分项工程

分部分项工程指按现行国家计量规范对各专业工程划分的项目。如房屋建筑与装饰工程划分的土石方工程、地基处理与桩基工程、砌筑工程、钢筋及钢筋混凝土工程等。

各类专业工程的分部分项工程划分见现行国家或行业计量规范。

分部分项工程费用通常用分部分项工程量乘以综合单价进行计算。

$$分部分项工程费 = \sum(分部分项工程量 \times 综合单价)$$

综合单价包括人工费、材料费、施工机具使用费、企业管理费和利润，以及一定范围的风险费用。

（二）措施项目费

措施项目费是指为完成建设工程施工，发生于该工程施工前和施工过程中的技术、生活、安全、环境保护等方面的费用。内容包括以下几部分。

1．安全文明施工费

（1）环境保护费：是指施工现场为达到环保部门要求所需要的各项费用。

（2）文明施工费：是指施工现场文明施工所需要的各项费用。

（3）安全施工费：是指施工现场安全施工所需要的各项费用。

（4）临时设施费：是指施工企业为进行建设工程施工所必须搭设的生活和生产用的临时建筑物、构筑物和其他临时设施费用。包括临时设施的搭设、维修、拆除、清理费或摊销费等。

2．夜间施工增加费

夜间施工增加费是指因夜间施工所发生的夜班补助费、夜间施工降效、夜间施工照明设备摊销及照明用电等费用。

3．二次搬运费

二次搬运费是指因施工场地条件限制而发生的材料、构配件、半成品等一次运输不能到达堆放地点，必须进行二次或多次搬运所发生的费用。

4．冬雨季施工增加费

冬雨季施工增加费是指在冬季或雨季施工需增加的临时设施、防滑、排除雨雪的费用，人工及施工机械效率降低等费用。

5．已完工程及设备保护费

已完工程及设备保护费是指竣工验收前，对已完工程及设备采取的必要保护措施所发生的费用。

6．工程定位复测费

工程定位复测费是指工程施工过程中进行全部施工测量放线和复测工作的费用。

7. 特殊地区施工增加费

特殊地区施工增加费是指工程在沙漠或其边缘地区、高海拔、高寒、原始森林等特殊地区施工增加的费用。

8. 大型机械设备进出场及安拆费

大型机械设备进出场及安拆费是指机械整体或分体自停放场地运至施工现场,或由一个施工地点运至另一个施工地点,所发生的机械进出场运输及转移费用,以及机械在施工现场进行安装、拆卸所需的人工费、材料费、机械费、试运转费和安装所需的辅助设施的费用。

9. 脚手架工程费

脚手架工程费是指施工需要的各种脚手架搭、拆、运输费用,以及脚手架购置费的摊销(或租赁)费用。

措施项目及其包含的内容详见各类专业工程的现行国家或行业计量规范。

(三)其他项目费

1. 暂列金额

暂列金额是指建设单位在工程量清单中暂定并包括在工程合同价款中的一笔款项。用于施工合同签订时尚未确定或者不可预见的所需材料、工程设备、服务的采购,施工中可能发生的工程变更、合同约定调整因素出现时的工程价款调整以及发生的索赔、现场签证确认等的费用。

2. 计日工

计日工是指在施工过程中,施工企业完成建设单位提出的施工图纸以外的零星项目或工作所需的费用。

3. 总承包服务费

总承包服务费是指总承包人为配合、协调建设单位进行的专业工程发包,对建设单位自行采购的材料、工程设备等进行保管以及施工现场管理、竣工资料汇总整理等服务所需的费用。

(四)规费

见图 1-10-1。

(五)税金

见图 1-10-1。

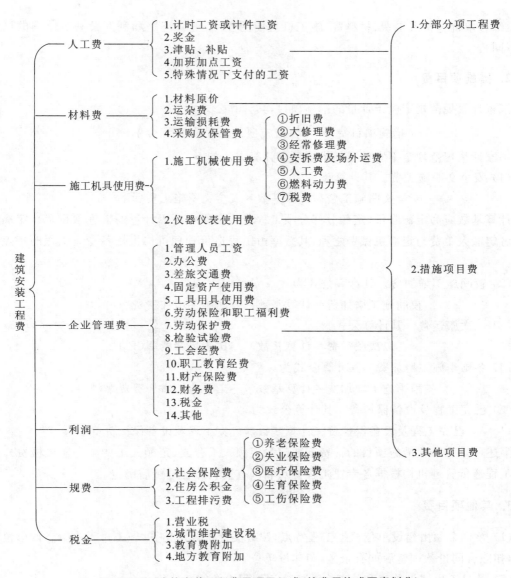

图 1-10-1　建筑安装工程费用项目组成（按费用构成要素划分）

任务 3　工程造价计价程序

一、工程造价各部分费用的确定

1. 分部分项工程费

$$分部分项工程费 = \sum(分部分项工程量 \times 综合单价)$$

式中:综合单价包括人工费、材料费、施工机具使用费、企业管理费和利润及一定范围的风险费用(下同)。

2. 措施项目费

国家计量规范规定应予计量的措施项目,其计算公式为

$$措施项目费 = \sum(措施项目工程量 \times 综合单价)$$

国家计量规范规定不宜计量的措施项目计算方法如下。

(1) 安全文明施工费。其计算公式为

$$安全文明施工费 = 计算基数 \times 安全文明施工费费率(\%)$$

计算基数应为定额基价(定额分部分项工程费+定额中可以计量的措施项目费)、定额人工费或者定额人工费与定额机械费之和,其费率由工程造价管理机构根据各专业工程的特点综合确定。

(2) 夜间施工增加费。其计算公式为

$$夜间施工增加费 = 计算基数 \times 夜间施工增加费费率(\%)$$

(3) 二次搬运费。其计算公式为

$$二次搬运费 = 计算基数 \times 二次搬运费费率(\%)$$

(4) 冬雨季施工增加费。其计算公式为

$$冬雨季施工增加费 = 计算基数 \times 冬雨季施工增加费费率(\%)$$

(5) 已完工程及设备保护费。其计算公式为

$$已完工程及设备保护费 = 计算基数 \times 已完工程及设备保护费费率(\%)$$

上述(2)~(5)项措施项目的计费基数应为定额人工费或(定额人工费+定额机械费),其费率由工程造价管理机构根据各专业工程特点和调查资料综合分析后确定。

3. 其他项目费

(1) 暂列金额由建设单位根据工程特点,按有关计价规定估算,施工过程中由建设单位掌握使用,扣除合同价款调整后如有余额,归建设单位。

(2) 计日工由建设单位和施工企业按施工过程中的签证计价。

(3) 总承包服务费由建设单位在招标控制价中根据总包服务范围和有关计价规定编制,施工企业投标时自主报价,施工过程中按签约合同价执行。

4. 规费和税金

建设单位和施工企业均应按照省、自治区、直辖市或行业建设主管部门发布标准计算规费和税金,不得作为竞争性费用。

二、安装工程造价计价程序

安装工程造价的计算过程按计价程序计算,安装工程造价计价程序可参考表1-10-3。

表 1-10-3　安装工程造价计价程序

序号	费用名称		计算公式
一	分部分项工程费		清单工程量×综合单价
	其中	（1）人工费	人工消耗量×人工单价
		（2）材料费	材料消耗量×材料单价
		（3）施工机具使用费	机械消耗量×机械单价
		（4）管理费	（1）×费率
		（5）利润	（1）×费率
二	措施项目费		清单工程量×综合单价
	其中	单价措施项目费	（分部分项工程费＋单价措施项目费－工程设备费）×费率
		总价措施项目费	或以项计费
三	其他项目费		
四	规费		
	其中	（1）工程排污费	（一＋二＋三－工程设备费）×费率
		（2）社会保险费	
		（3）住房公积金	
五	税金		（一＋二＋三＋四－按规定不计税的工程设备金额）×费率
六	工程造价		一＋二＋三＋四＋五

三、安装工程造价计价程序使用格式

以建设单位工程招标控制价计价的计取格式为例，如表 1-10-4 所示。

表 1-10-4　建设单位工程招标控制价计价程序

工程名称：

序号	内　容	计算方法	金额/元
1	分部分项工程费	按计价规定计算	
1.1			
1.2			
1.3			
1.4			
2	措施项目费	按计价规定计算	
2.1	其中:安全文明施工费	按规定标准计算	
3	其他项目费		
3.1	其中:暂列金额	按计价规定估算	
3.2	其中:专业工程暂估价	按计价规定估算	
3.3	其中:计日工	按计价规定估算	
3.4	其中:总承包服务费	按计价规定估算	
4	规费	按规定标准计算	
5	税金（扣除不列入计税范围的工程设备金额）	（1＋2＋3＋4）×规定税率	

招标控制价合计＝1＋2＋3＋4＋5

四、实践环节　项目1工程造价的确定

项目1工程预算造价所执行的计价程序是按《江苏省建设工程费用定额》(2014年)确定的，具体计算过程如表1-10-5所示。

表1-10-5　安装工程造价计价程序

序号	内　　容	计　算　方　法	金额/元
1	分部分项工程费合计	1.1+1.3	
1.1	综合计价合计	$\sum$（分部分项工程量×分项子目综合单价）	
1.2	分部分项工程费中人工费合计	$\sum$（分部分项工程量×分项子目综合单价中人工费）	
1.3	未计价主材费用	主材费合计	
2	措施项目费	2.1+2.2	
2.1	单价措施项目费		
2.2	总价措施项目费		
	其中:安全文明施工增加费	(1+2.1)×1.4%（费用定额规定）	
3	其他项目		
4	规费	按规定标准计算	
4.1	其中:1.工程排污费	(1+2)×0.1%（环保部门规定）	
4.2	2.社会保险费	(1+2)×2.2%（费用定额规定）	
4.3	3.住房公积金	(1+2)×0.38%（费用定额规定）	
5	税金	(1+2+3+4)×3.48%（南京市规定税率）	
	工程造价合计	1+2+3+4+5	

单元 1.11　安装工程预算编制实例

任务 1　安装工程施工图预算编制步骤

总结前面单元1.1至单元1.10的内容，可以看出，编制安装工程预算的步骤和过程如下。

一、识读工程图纸

识读施工图不但要弄清施工图的内容,而且要对施工图进行审核:图样间相关尺寸是否有误;设备与材料表上的规格、数量是否与图示相符;详图、说明、尺寸和其他符号是否正确等。

二、计算工程量,编制工程的工程量计算书

1. 熟悉施工组织设计或施工方案

施工组织设计和施工方案是确定工程进度、施工方法、技术措施、现场平面布置等内容的文件,直接关系到定额的套用。

2. 按施工图和工程施工组织设计或施工方案列项计算工程量

根据施工图和工程现场实际情况列项计算工程量,要按照规定的工程量计算规则计算工程量,工程计量单位要与定额计量单位一致。在计算工程量时,必须严格按施工图表示尺寸进行计算,不能加大或缩小。

划分的工程项目,必须与规定的项目一致,这样才能正确套用定额。

不能重复列项多算,也不能漏项少算。

三、汇总工程量,列出工程量横单

工程量全部计算完成后,要对工程项目和工程量进行整理,即合并同类项和按序排列,并列出工程量横单。

四、确定主要材料价格

通过多种途径调查主要材料市场价格,熟悉材料市场价格情况。

五、计价,计算分部分项工程费用

计算分部分项工程费用。

六、确定工程造价

按计算费用程序计算工程措施项目费用、其他项目费用、规费、税金等费用,编制工程费用汇总表,进而确定工程造价。取费程序需按与定额相配套的费用定额来确定。

七、编写工程预算编制说明

预算造价书的编制说明应包括以下内容。

1. 工程概况

工程概况主要编写工程所在位置，工程名称，工程规模（如工程面积、体积等），工程结构类型，工程类别等。

2. 编制依据

（1）采用图纸名称及编号，有关设计修改或图纸会审记录等；

（2）施工组织或施工方案；

（3）计价依据，所选用计价定额及费用定额的名称、版本等；

（4）材料价格来源、时间（某年、月市场价、信息价等）。

3. 存在问题及处理方法

（1）如工程中有外包项目，或其中有遗留项目等情况，要详细说明，确定工程范围；

（2）对预算中特殊问题的处理的说明。如对图纸中暂不明确部位的处理的方法；对采用暂估价的材料价值的处理方法等。

4. 计算各种经济指标

各种经济指标说明该工程的总造价、单方造价等，计算各种经济指标。

5. 其他事项

其他事项是指需要说明的其他事项。

八、打印预算书封面

将预算书封面打印出来。

九、预算造价书的自校、审核、签章

预算编制完成后，自己要进行全面检查。自检完成后，需交给同事或上级领导进行审核，一般需要三级复核。对复核中检查出的问题要及时进行修改、完善。确定无误后，再进行打印、装订并签章。

任务 2 项目1——小区住宅给排水工程施工图预算 ○○○ 编制实例

下面列出项目1工程预算的编制过程。

一、识读工程图纸

识读图纸的过程见单元1-1。

二、计算工程量,编制工程量计算书

工程量计算书如表1-11-1所示。

表1-11-1 工程量计算书

序号	工程名称	单位	数量	计算公式
一	管道计算			
	JL1			
1	镀锌钢管螺纹连接DN40(埋地部分)	m	7.57	水平:1.5(外墙皮外)+0.24+1.5+(2.1-0.24)-0.03=5.07 垂直:(1.5-0.3)+(1(楼面至水平支管)+0.3)=2.5
2	镀锌钢管螺纹连接DN25	m	6	垂直:6.0
3	镀锌钢管螺纹连接DN20	m	22.65	垂直:(6+1)-1=6 水平:[2.1+(2.1-0.24-0.03-0.6)]×5=16.65
	JL2:同JL1			
	汇总			
	镀锌钢管DN40	m	15.14	7.57×2=15.14
	镀锌钢管DN25	m	12	6.0×2=12.0
	镀锌钢管DN20	m	45.3	22.65×2=45.3
	PL1			
1	铸铁排水管DN150	m	5.1	水平:3.6 垂直:1.9-0.4(楼板至排水横管12-11.6)=1.5
2	铸铁排水管DN100	m	22.6	水平:0.9(平面大样图)×5层=4.5 垂直:(15.7+0.4)+0.4(1个立支管)×5=18.1

序号	工程名称	单位	数量	计算公式
	PL2			
1	铸铁排水管 DN150	m	5.7	水平：4.2 垂直：1.9－0.4＝1.5
2	铸铁排水管 DN100	m	22.6	水平：0.9×5＝4.5 垂直：(15.7＋0.4)＋0.4×5＝18.1
	WL1			
1	铸铁排水管 DN150	m	4.5	水平：3.0 垂直：1.9－0.4＝1.5
2	铸铁排水管 DN100	m	16.1	垂直：15.7＋0.4＝16.1
3	铸铁排水管 DN50	m	20	水平：(1.8＋1.0)×5＝14 垂直：(0.4＋0.4＋0.4)(3个立支管)×5＝6
	WL2			
1	铸铁排水管 DN150	m	5.5	水平：4 垂直：1.9－0.4＝1.5
2	铸铁排水管 DN100	m	16.1	垂直：15.7＋0.4＝16.1
3	铸铁排水管 DN50	m	20	水平：(1.8＋1.0)×5＝14.0 垂直：(0.4＋0.4＋0.4)×5＝6.0
	汇总			
	铸铁排水管 DN150	m	20.8	5.1＋5.7＋4.5＋5.5＝20.8
	铸铁排水管 DN100	m	77.4	22.6×2＋16.1×2＝77.4
	铸铁排水管 DN50	m	40	20＋20＝40
二	套管			
	JL1、JL2			
	钢套管 DN65(DN40 管道上)	个	4	穿外墙、内墙基础：2个×2＝4
	刚性防水套管 DN65(DN40 管道上)	个	2	穿1层地面：1个×2＝2
	钢套管 DN40(DN25 管道上)	个	4	穿2、3层楼板：2个×2＝4
	钢套管 DN32(DN20)	个	14	穿4、5层楼板：2个×2＝4 水平穿墙面：1个×5×2＝10
	PL1、PL2			
	钢套管 DN250(DN150 管道上)	个	2	穿外墙基础：1个×2＝2

序号	工 程 名 称	单位	数量	计 算 公 式
	刚性防水套管 DN150(DN100 管道上)	个	4	穿屋面:1 个×2＝2 穿 1 层地面:1 个×2＝2
	WL1、WL2			
	钢套管 DN250(DN150 管道上)	个	2	穿外墙基础:1 个×2＝2
	刚性防水套管 DN150(DN100 管道上)	个	4	穿屋面:1 个×2＝2 穿 1 层地面:1 个×2＝2
	钢套管 DN80(DN50)	个	10	穿内墙:5 个×2＝10
	汇总			
	刚性防水套管			
	DN150(DN100)	个	8	4＋4
	DN65 (DN40)	个	2	
	钢套管			
	DN250(DN150)		4	2＋2
	DN80 (DN50)	个	10	
	DN65 (DN40)	个	4	
	DN40 (DN25)	个	4	
	DN32 (DN20)	个	14	
三	支架			
	JL1			
	DN25 立管			每层 1 个 2 个
	DN20 立管			每层 1 个 3 个
	水平管			[2.1＋(2.1－0.24－0.6－0.03)]/3＋1 ＝3.33/3＋1＝1.11＋1≈3 个×5 层＝15 个
	LJ1、LJ2 合计	kg	31.64	
	DN25 立管			共 4 个×0.2 kg/个＝0.8 kg
	DN20 立管			共 6 个×0.19 kg/个＝1.14 kg
	水平管			共 30 个×0.99 kg/个＝29.7 kg
	PL1、PL2			
	DN100 立管			每层 1 个 5 个×2＝10
	DN50 水平管			1 个×4 层×2＝8 个 (其中 1 层的管道埋在地下,不需要支架)

序号	工 程 名 称	单位	数量	计 算 公 式
	WL1、WL2			
	DN100　立管			每层1个　5个×2＝10
	DN100 水平管			2个×4层×2＝16个
	PL1、PL2、WL1、WL2 合计	kg	79.32	
	DN100　立管			20个×1.95 kg/个＝39 kg
	DN100　水平管			16个×1.95 kg/个＝31.2 kg
	DN50　水平管			8个×1.14 kg/个＝9.12 kg
	支架质量汇总	kg	103.96	31.64＋72.32
	支架安装工程量	kg	0	扣除:DN32以下,及排水管支架
四	除锈、刷油			
1	管道刷油			
	埋地管道长度			
	PL1			
	DN150	m		5.1
	DN100	m		0.4(地下部分)＋0.4(立支管)＋0.9(横管)＝1.7
	PL2			
	DN150	m		5.7
	DN100	m		0.4(地下部分)＋0.4(立支管)＋0.9(横管)＝1.7
	WL2、WL1			
	DN150	m		5.5＋4.5＝10.0
	DN100	m		0.4(地下部分)×2＝0.8
	DN50	m		(1.8＋0.4×2＋1.0＋0.4)×2＝4.0×2＝8.0
	埋地管道长度汇总			
	DN150	m		5.1＋5.7＋10.0＝20.8
	DN100	m		1.7×2＋0.8＝4.2
	DN50	m		8
	埋地管道刷油面积小计	m²	13.41	$S＝20.8×0.5024＋4.2×0.3454＋8.0×0.1884$
	明装管道长度			
	DN100	m		77.4－4.2＝73.2
	DN50	m		40.0－8.0＝32
	明装管道刷油面积小计	m²	31.31	$S＝73.2×0.345\ 4＋32.0×0.188\ 4$

序号	工程名称	单位	数量	计算公式
2	支架刷油	kg	103.96	
五	管道冲洗、消毒			
	DN50 以内	m	72.44	
	镀锌钢管 DN40	m	15.14	
	镀锌钢管 DN25	m	12	
	镀锌钢管 DN20	m	45.3	
六	阀门			
	J11T-1.0　　DN20	个	10	
	J11T-1.0　　DN40	个	2	
	水表　LXS-20　DN20	个	10	
七	卫生器具			
	大便器	组	10	
	淋浴器	组	10	
	地漏 DN50	个	20	
	洗涤盆	组	10	

三、汇总工程量，列出工程量横单

工程量横单如表 1-11-2 所示。

表 1-11-2　工程量横单

序号	工程名称	单位	数量
1	镀锌钢管 DN40	m	15.14
2	镀锌钢管 DN25	m	12.00
3	镀锌钢管 DN20	m	45.30
4	铸铁排水管 DN150	m	20.80
5	铸铁排水管 DN100	m	77.40
6	铸铁排水管 DN50	m	40.00
7	刚性防水套管 DN150	个	8.00
8	刚性防水套管 DN65	个	2.00
9	钢套管 DN250	个	4.00
10	钢套管 DN80	个	10.00
11	钢套管 DN65	个	4.00
12	钢套管 DN40	个	4.00
13	钢套管 DN32	个	14.00
14	支架制作安装	kg	0.00

序号	工 程 名 称	单 位	数 量
15	埋地管道刷油	m²	13.41
16	明装管道刷油	m²	31.31
17	支架刷油	kg	103.96
18	管道冲洗、消毒 DN50 以内	m	72.44
19	阀门 J11T-1.0 DN20	个	10.00
20	阀门 J11T-1.0 DN40	个	2.00
21	水表 LXS-20 DN20	个	10.00
22	大便器	组	10.00
23	淋浴器	组	10.00
24	地漏 DN50	个	20.00
25	洗涤盆	组	10.00

四、确定主要材料价格

通过多种途径调查主要材料市场价格,熟悉材料市场价格情况。

五、计价,计算分部分项工程费用

通过套用定额等方法,确定分部分项工程综合单价,同时计算主要材料价值。通过分部分项工程费用计算表计算分部分项工程费用。分部分项工程费用计算表如表 1-11-3 所示。

表 1-11-3　分部分项工程费用计算表

定额编号	定 额 名 称	定额单位	主材定额含量	数量	综合单价 综合单价	综合单价 其中人工费	合价 合价	合价 其中人工费	主材单价	主材合价
10-160	镀锌钢管螺纹连接 DN20	10 m		4.53	252.07	141.34	1 141.86	640.27		
主材	镀锌钢管 DN20	m	10.200	46.21					10.08	465.8
10-161	镀锌钢管螺纹连接 DN25	10 m		1.20	307.27	170.20	368.72	204.24		
主材	镀锌钢管 DN25	m	10.200	12.24					14.93	182.74
10-163	镀锌钢管螺纹连接 DN40	10 m		1.54	360.16	202.76	553.93	311.84		
主材	镀锌钢管 DN40	m	10.200	15.69					23.71	372.01
10-292	铸铁管承插连接 DN50	10 m		4.00	379.53	179.08	1 518.12	716.32		

续表

定额编号	定额名称	定额单位	主材定额含量	数量	综合单价		合价		主材单价	主材合价
					综合单价	其中人工费	合价	其中人工费		
主材	铸铁管 DN50	m	8.800	35.20					20.59	724.77
10-294	铸铁管承插连接 DN100	10 m		7.74	808.36	276.76	6 256.71	2142.12		
主材	铸铁管 DN100	m	8.900	68.89					20.59	1 418.45
10-295	铸铁管承插连接 DN150	10 m		2.08	839.12	293.04	1 745.37	609.52		
主材	铸铁管 DN150	m	9.600	19.97					33.26	664.20
10-389	刚性防水套管制作安装 DN65	10 个		0.20	576.62	241.98	115.32	48.40		
10-391	刚性防水套管制作安装 DN150	10 个		0.80	914.42	358.90	731.54	287.12		
10-395	钢套管制作安装 DN32	10 个		1.40	268.01	122.84	375.21	171.98		
10-396	钢套管制作安装 DN40	10 个		0.40	278.66	122.84	111.46	49.14		
10-398	钢套管制作安装 DN65	10 个		0.40	363.68	136.16	145.47	54.46		
10-398	钢套管制作安装 DN80	10 个		1.00	363.68	136.16	363.68	136.16		
10-402	钢套管制作安装 DN250	10 个		0.40	1 363.64	306.36	545.46	122.54		
10-382	管道支架制作	100 kg		0.00	537.24	176.86	0.00	0.00		
10-383	管道支架安装	100 kg		0.00	457.27	244.20	0.00	0.00		
11-1	铸铁管道手工除锈(明、暗)	10 m²		4.47	36.09	21.46	161.32	95.93		
11-198	铸铁管道刷红丹一遍(明装)	10 m²		3.13	36.06	20.72	112.90	64.87		
主材	醇酸防锈漆	kg	1.050	3.29					16.00	52.64
11-200	铸铁管道刷银粉漆第一遍	10 m²		3.13	43.85	21.46	137.29	67.19		
主材	酚醛清漆各色	kg	0.450	1.41					18.10	25.52
11-201	铸铁管道刷银粉漆第二遍	10 m²		3.13	41.39	20.72	129.59	64.87		
主材	酚醛清漆各色	kg	0.410	1.28					18.10	23.17
11-80	铸铁管道刷油冷底子油(埋地)	10 m²		1.34	59.47	17.76	79.69	23.80		
11-202	铸铁管道刷热沥青第一遍	10 m²		1.34	37.48	22.94	50.22	30.74		
主材	热沥青	kg	2.88	3.86					28.00	108.08
11-203	铸铁管道刷热沥青第二遍	10 m²		1.34	36.09	22.20	48.36	29.75		
主材	热沥青	kg	2.74	3.67					28.00	102.76

续表

定额编号	定 额 名 称	定额单位	主材定额含量	数量	综合单价 综合单价	综合单价 其中人工费	合价 合价	合价 其中人工费	主材单价	主材合价
11-117	支架刷红丹一遍	100 kg		1.04	33.88	14.80	35.40	15.46		
主材	醇酸防锈漆	kg	1.16	1.21					16.00	19.36
11-122	支架银粉漆第一遍	100 kg		1.04	36.37	14.06	38.00	14.69		
主材	酚醛清漆各色	kg	0.25	0.26					18.10	4.71
11-123	支架银粉漆第二遍	100 kg		1.04	35.52	14.06	37.11	14.69		
主材	酚醛清漆各色	kg	0.23	0.24					18.10	4.34
10-371	管道消毒冲洗 DN50 以内	100 m		0.72	79.34	36.26	57.47	26.27		
10-419	螺纹阀 DN20	个		10.00	17.34	7.40	173.40	74.00		
主材	螺纹截止阀 DN20	个	1.01	10.10					26.90	271.69
10-422	螺纹阀 DN40	个		2.00	42.28	17.76	84.56	35.52		
主材	螺纹截止阀 DN40	个	1.01	2.02					66.74	134.81
10-627	螺纹水表 DN20	组		10.00	63.28	28.12	632.80	281.20		
主材	水表 DN20	个	1.00	10.00					150.00	1 500.00
10-682	洗涤盆安装双嘴	10 组		1.00	536.73	290.08	536.73	290.08		
主材	洗涤盆	个	10.100	10.10					320.00	3 232.00
10-718	淋浴器组成安装钢管组成	10 组		1.00	1 321.20	414.40	1 321.20	414.40		
主材	莲蓬喷头	个	10.000	10.00					260.00	2 600.00
10-695	蹲式大便器安装瓷低水箱	10 组		1.00	1 313.75	607.54	1 313.75	607.54		
主材	瓷蹲式大便器	个	10.100	10.10					300.00	3 030.00
10-749	地漏安装 DN50	10 个		2.00	198.44	112.48	396.88	224.96		
主材	地漏 DN50	个	10.000	20.00					30.00	600.00
	分部分项工程费合计						19 319.52	7870.07		15 537.05
	其中第 10 册人工费							7448.08		
	其中第 11 册人工费							421.99		
	单项措施项目									
第 10 册说明	脚手架搭拆费(按人工费的 5% 计算,其中工资占 25%)						372.40	93.10		
第 11 册说明	脚手架搭拆费(按人工费的 8% 计算,其中工资占 25%)						33.76	8.44		
	单项措施项目小计						406.16	101.54		
	合计						19 725.71	7 971.62		15 537.05

六、确定工程造价

按《江苏省建设工程费用定额》(2014 年)规定的费用计算程序计算工程措施项目费用、其他项目费用、规费、税金等费用,编制工程费用汇总表,进而确定工程造价。计算过程如表 1-11-4 所示。

表 1-11-4　工程造价计价程序

序号	内　　容	计 算 方 法	金额/元
1	分部分项工程费合计	1.1+1.3	34 856.44
1.1	分部分项合价	∑(分部分项工程量×分项子目综合单价)	19 319.54
1.2	分部分项合价中人工费合价	∑(分部分项工程量×分项子目综合单价中人工费)	7 870.08
1.3	未计价主材费用	主材费合计	15 536.89
2	措施项目费	2.1+2.2	899.84
2.1	单价措施项目费	(脚手架搭拆费)	406.16
2.2	总价措施项目费	2.3	493.68
2.3	其中:安全文明施工增加费	(1+2.1)×1.4%(费用定额规定)	493.68
3	其他项目	该工程无此费用	0.00
4	规费	按规定标准计算	958.27
4.1	其中:1.工程排污费	(1+2)×0.1%(环保部门规定)	35.76
4.2	2.社会保险费	(1+2)×2.2%(费用定额规定)	786.64
4.3	3.住房公积金	(1+2)×0.38%(费用定额规定)	135.87
5	税金	(1+2+3+4)×3.48%(南京市)规定税率	36.71
	工程造价合计	1+2+3+4+5	36 751.26

七、编制说明

1. 工程概况

该住宅楼位于南京市×××小区,住宅楼为框架结构 5 层,建筑面积为×××,图纸中只有一个单元。

2. 编制依据

(1)本工程预算是依据图号为×××的工程图纸编制的。

（2）本工程预算所依据的定额是《江苏省安装工程计价定额》（2014 版）；费用定额是《江苏省建设工程费用定额》（2014 版）。

（3）主材价格是根据《江苏省建筑安装材料价格信息》最新价格确定的。

3. 其他

该工程图纸只包含一个单元，因此本工程预算也只反映一个单元的工程造价。

4. 经济指标

该工程的总造价为 38 243.59 元，单方造价为×××元/m²。

八、编制封面

施工图预算封面格式如图 1-11-1 所示。

施工图预算书

工程名称：　　　　　住宅给排水安装工程

预算总价(小写)：38 243.59 元

编制人：×××

编制日期：2015 年 2 月 5 日

图 1-11-1　施工图预算封面

下面是一套完整的"办公楼给排水安装工程"图纸（见图 1-12-1 至图 1-12-14）。根据前面所学习的知识，编制该安装工程的施工图预算。

给排水设计施工说明

一、工程概况

本工程办公楼，建筑面积1 407.4 m²，建筑高度12.00 m，建筑耐火等级二级。

二、设计范围

本工程设计范围包括室内冷水给水系统、热水给水系统、排水系统。

(1)冷水给水系统：本建筑室内冷水由场区给水管网直接供给。

(2)热水给水系统：本建筑室内淋浴间热水由场区热水管网直接供给，热水供水温度为60℃。热水系统采用机械循环，共设有两台循环泵，互为备用，设置于锅炉房内。

(3)排水系统：本建筑室内污废水通过重力自流排至场区排水管网；屋面雨水经侧入式雨水斗收集后通过雨水立管排至室外散水。

三、管材及配件

(1)冷水给水管采用PP-R管材，热熔连接；热水管采用NFPP-R管，热熔连接。

(2)排水管采用PVC-U硬聚氯乙烯排水塑料管及其配件，承插连接。

(3)给水管道上的阀门，DN50及以下的采用铜芯截止阀，DN50以上的采用蝶阀。

(4)地漏除淋浴间采用无水封带网框式地漏，其余均采用无水封(直通式)地漏，所有地漏在排水口以下设存水弯，其水封深度不得小于50 mm。

四、施工安装

(1)给水管画在墙内的为暗敷，画在墙外的为明敷。

(2)给水立管穿楼板时，应设套管。安装在楼板内的套管，其顶部应高出装饰地面20 mm；安装在卫生间内的套管其顶部高出装饰地面50 mm，底部应与楼板底面相平；套管

(3)与管道之间缝隙应用阻燃密实材料和防水油膏填实，端面光滑。

排水管穿楼板应预留孔洞，管道安装完后将孔洞严密捣实，立管周围应设高出楼板面设计标高10~20 mm阻水圈。

(4)管道坡度：除图中注明外排水管道按下列坡度敷设：楼层排水横管，$i=0.026$；底层排水出户管：DN50、DN75，$i=0.025$；DN100，$i=0.02$。

(5)管道支架及固定支架安装见国标《室内管道支架及吊架》(03S402)。

(6)室内排水横管与立管相接采用45°三通，立管与出户管连接处采用两个45°弯头。

(7)室内地漏设置处，其算子项标高应低于设置地面5~10 mm，地面坡向地漏。

(8)各种管道在同一标高相碰时，一般按以下原则处理：

① 压力管让重力管；② 冷水管让热水管；③ 同一类管道时，小管让大管。

五、管道保温

热水供回水管采用玻璃棉保温材料保温，厚30 mm，外包铝箔作为保护层。

六、试压及灌水试验

(1)冷水管以1.0 MPa的水压试压，热水管以1.5 MPa的水压试压，试压方法应按《建筑给水排水及采暖工程施工质量验收规范》(GB50242-2002)的规定执行。

(2)室内隐蔽或埋地的污废水管道，在隐蔽前必须做灌水试验，其灌水高度应不低于底层卫生器具的上边缘或底层地面高度。灌满水15分钟水面下降后，再灌满水延续
    5分钟，液面不下降为合格。

七、管道冲洗及通球试验

(1)给水管道在使用之前必须用水冲洗，要求以不小于1.5 m/s的流速进行冲洗，直到出水颜色和透明度与进水目测一致为合格。

(2)排水主立管及水平干管管道均应做通球试验，通球球径不小于排水管道管的2/3，通球必须达到100%。

八、其他

(1)图中所注尺寸除标高以m计外，其余以mm计。

(2)本图所注管道标高：给水管指管中心标高；污水管道指管内底标高。

(3)室内地坪为±0.000，室外地坪为-0.450 m，室内外高差0.450 m。

(a)施工说明

图 1-12-1　给排水设计施工说明、图例及材料表

图 例 表

图 例	名 称	图 例	名 称
———JL—	冷水给水管及立管		通气帽
———PL—	污废水排水管及立管	⊘ ▽	地漏
———RL—	热水给水管及立管		灭火器及配置数量
—Y—YL—	雨水排水管及立管	⊖	雨水斗
	截止阀		淋浴器
	水龙头		检查口
	角阀	⊖	清扫口
	存水弯		蹲式大便器
	排水栓	⊠	拖把池
⊙	洗脸盆		小便器

(b)图例

序号	名 称	规 格	单位	数量	材料	备 注
12	清扫口	DN75	个	3		
11	检查口	DN100	个	4		
10	磷酸铵盐干粉灭火器	2A MF/ABC3	具	12		灭火剂充装量（3kg）
9	地漏	DN150	个	1		网框式
8	地漏	DN50	个	5		
7	淋浴器		个	16		
6	截止阀	DN25	个	2		铜芯截止阀
5	截止阀	DN50	个	8		铜芯截止阀
4	洗脸盆		套	6		
3	拖把池		套	3		
2	感应式冲洗阀壁挂式小便器		套	6		
1	自闭式冲洗阀蹲式大便器		套	9		

标记	数量	修改者	批准者	日期			
制图			审核		办公楼给水排水		S1-1
设计			项目负责			共 页	重 量（kg）	比 例
校核			审定			第 页		
专业负责			总工程师					
	年 月		日编制		设计施工说明、图例及材料表		

(c)材料表

续图 1-12-1

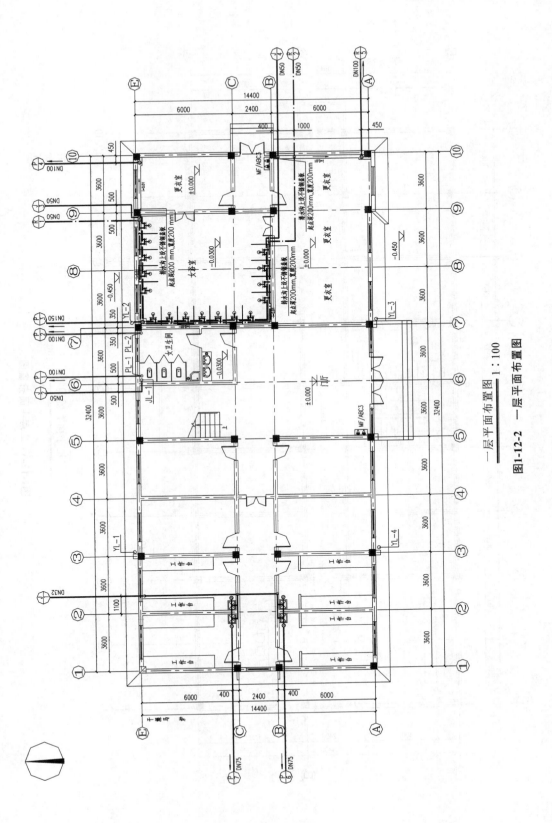

一层平面布置图 1：100

图1-12-2 一层平面布置图

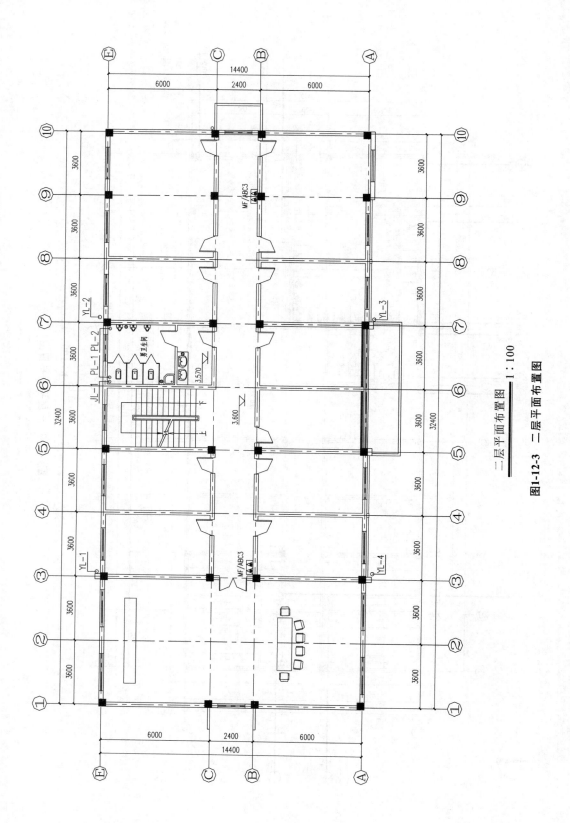

二层平面布置图 1:100

图1-12-3 二层平面布置图

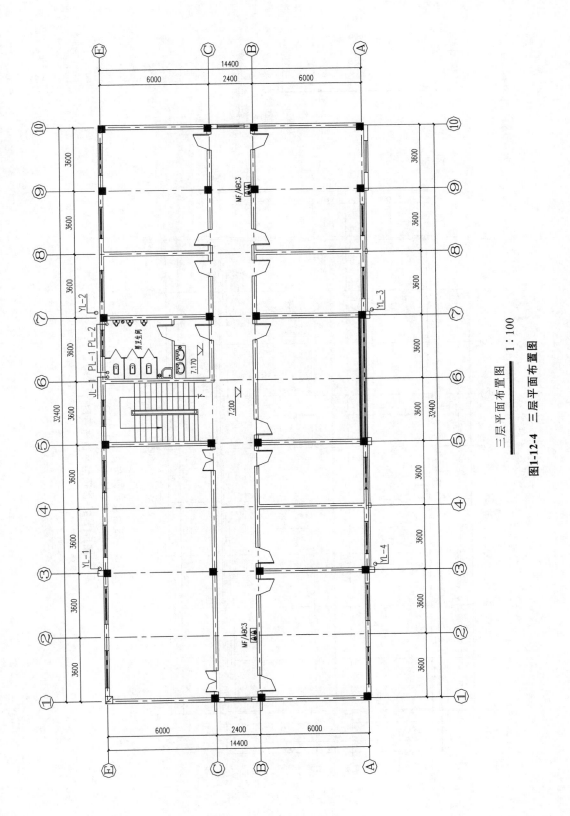

三层平面布置图 1：100

图1-12-4 三层平面布置图

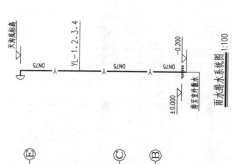

雨水排水系统图 1:100

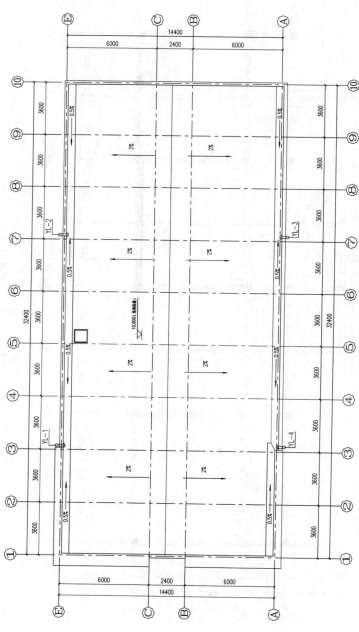

屋顶层平面布置图 1：100

图1-12-5 屋顶层平面布置图

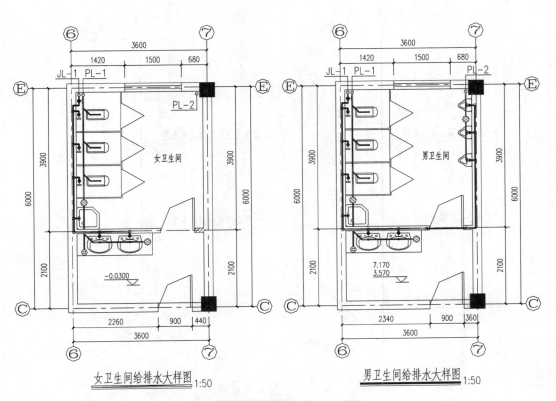

图 1-12-6　卫生间给排水大样图

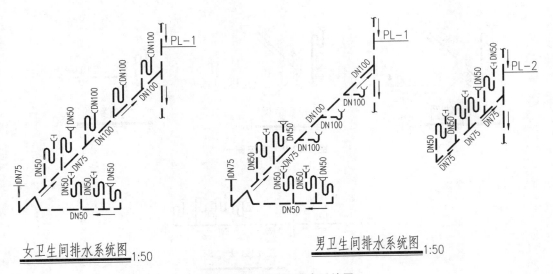

图 1-12-7　卫生间排水系统图

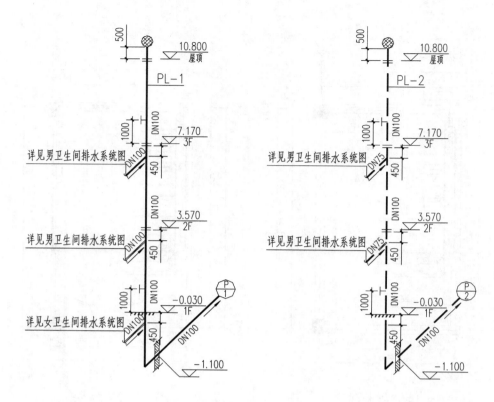

排水系统图 1:100

图 1-12-8 排水系统图

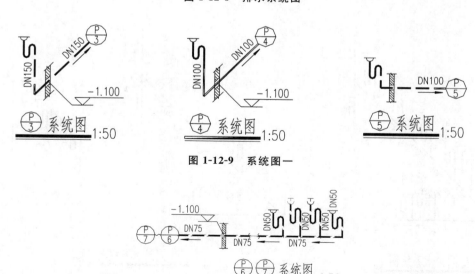

图 1-12-9 系统图一

图 1-12-10 系统图二

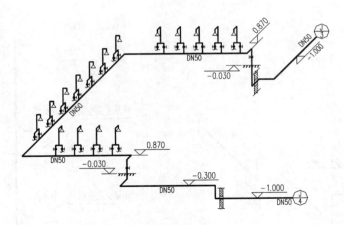

淋浴间冷水给水系统图 1:50

图 1-12-11　淋浴间冷水给水系统图

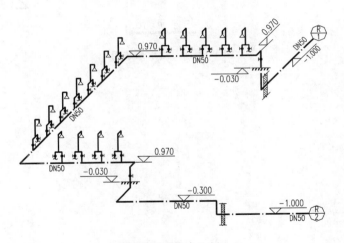

淋浴间热水给水系统图 1:50

图 1-12-12　淋浴间热水给水系统图

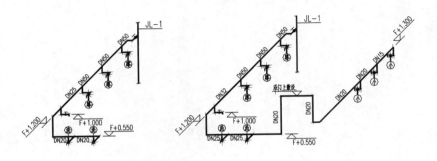

女卫生间给水系统图 1:50　　　　　男卫生间给水系统图 1:50

图 1-12-13　卫生间给水系统图

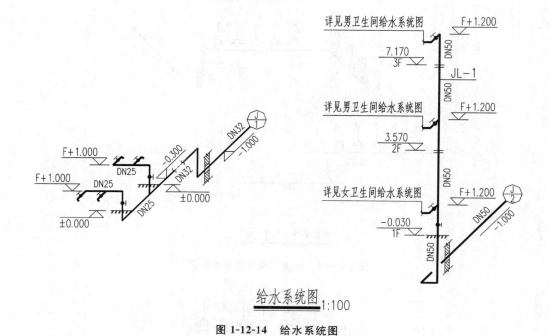

给水系统图 1:100

图 1-12-14　给水系统图

单室车间采暖工程预算编制

单元 *2.1* 工程施工图识读

【能力目标】
①能够分析室内采暖工程系统的结构组成；②学会识读采暖工程施工图。

【知识目标】
①掌握采暖工程常用材料知识；②掌握采暖工程系统的组成内容。

单室车间采暖施工图图纸如图 2-1-1、图 2-1-2 所示。其图纸设计说明如下。

该工程为工厂一个车间的采暖工程。车间内有一个房间为休息室。车间外墙为 370 mm，内墙为 240 mm，内外墙体抹灰厚度皆为 20 mm。

（1）采暖管道材质为焊接钢管，管道过墙处使用钢套管，供、回水管道管径为 DN25，立管、支管管径为 DN20。

（2）管道接口方式：立管、支管为螺纹连接（即丝接），其余为焊接。

（3）管道外表面距离内墙面净距离为 30 mm。

（4）阀门型号：进出供水、回水干管上的总阀为 J4IT-1.6，其余为 J11T-1.6。

（5）管道、支架、散热器刷油：人工除轻锈后刷红丹防锈漆两遍，银粉漆两遍。

（6）集气罐 DN15 排气管长为 0.7 m。

（7）散热器型号：四柱 813。

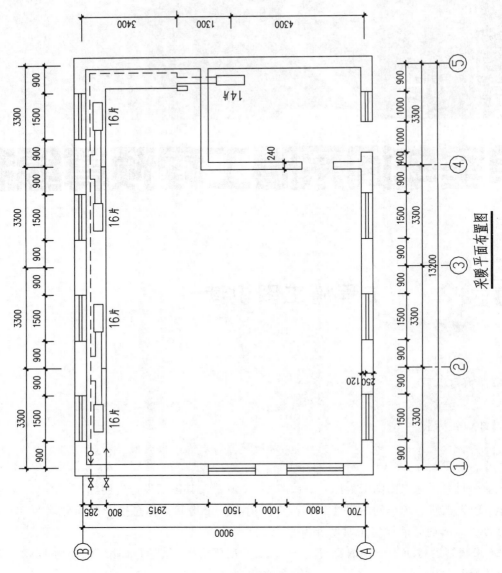

图 2-1-1　采暖平面布置图

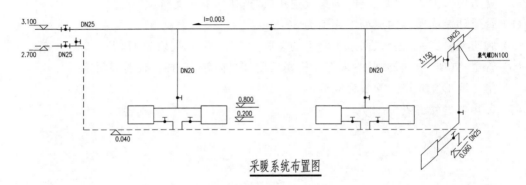

采暖系统布置图

图 2-1-2　采暖系统布置图

任务 1 采暖工程系统一般知识介绍

一、采暖工程系统简介

采暖工程中由热源产生的热媒,通过管道输送到需采暖房间,再通过采暖器具,将热媒中的热量散发到房间,起到采暖作用,冷却后的热媒又通过管道回到热源中去,进行再循环。

采暖系统一般由锅炉房(热源)、管网、散热器、减压阀、疏水器、回水泵、回水管网等组成。常见采暖方式中的热媒一般为热水采暖、蒸汽采暖等。

以热水为热媒,且热水是靠水泵产生的压力进行循环流动的称为机械循环热水采暖系统。以蒸汽锅炉产生的蒸汽输送到散热器中凝结成水放出汽化潜热的称为蒸汽采暖系统。按蒸汽工作压力大小,又可以分为低压蒸汽系统和高压蒸汽系统。

低压蒸汽采暖系统是指蒸汽相对压力低于 70 kPa 的蒸汽采暖系统,大于 70 kPa 的蒸汽采暖系统为高压蒸汽采暖系统。

二、室内采暖工程系统组成

室内采暖工程系统由以下几部分组成。

（1）热力入口装置。包括阀门、压力表、温度计等。

（2）管道系统。管道系统包括供水管道和回水管道。其中供水管道又包括供水干管、立管、支管。回水管道一般为回水干管。

（3）管道附件。

采暖管道上的附件包括阀门、手动排气阀、集气罐或自动排气阀、伸缩器、支架等。

手动排气阀在散热器上部专设的螺纹孔上,以手动方式排除散热器中的空气。集气罐或自动排气阀一般设在供水干管的末端(最高点),用于排除系统中的空气。伸缩器主要作用是补偿管道因热胀冷缩而产生的变化。

（4）供暖器具。

散热器是使室内空气温度升高的设施,常用散热器种类有如下三类。

（1）铸铁散热器。铸铁散热器如图 2-1-3 所示。

（2）钢制散热器。又分为钢制闭式(串片)散热器、钢制板式散热器(组)和钢制柱式散热器(组)。

① 钢制闭式(串片)散热器:钢制闭式散热器如图 2-1-4 所示。

② 钢制板式散热器(组):钢制板式散热器如图 2-1-5 所示。

③ 钢制柱式散热器(组)。钢制柱式散热器如图 2-1-6 所示。

（3）光排管散热器(m)。光排管散热器如图 2-1-7 所示。

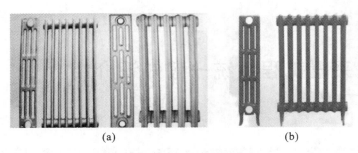

(a)   (b)

图 2-1-3　铸铁散热器

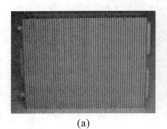
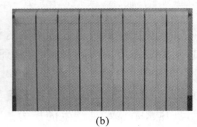

(a)   (b)

图 2-1-4　钢制闭式散热器

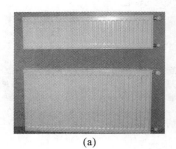
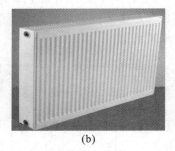

(a)   (b)

图 2-1-5　钢制板式散热器

图 2-1-6　钢制柱式散热器   图 2-1-7　光排管散热器

三、常见的热水采暖系统的分类

1. 按系统循环动力分类

按系统循环动力的不同,热水供暖系统可分为自然循环系统和机械循环系统。靠流体的密度差进行循环的系统,称为自然循环系统;靠外加的机械(水泵)力循环的系统,称为机械循环系统。

2. 按供、回水方式分类

按供、回水方式的不同,热水供暖系统可分为单管系统和双管系统。在高层建筑热水供暖系统中,多采用单管、双管混合式系统形式。单管系统如图 2-1-8 所示,双管系统如图 2-1-9 所示。

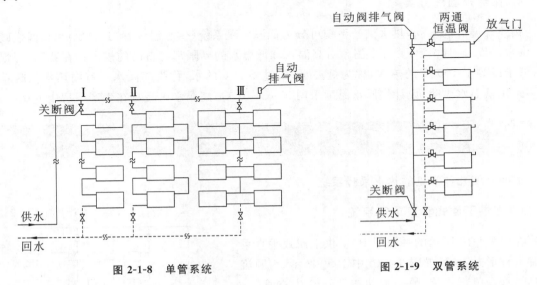

图 2-1-8　单管系统　　　　　　　　图 2-1-9　双管系统

3. 按管道敷设方式分类

按管道敷设方式的不同,热水供暖系统可分为垂直式系统和水平式系统。

1)垂直式系统

垂直式系统是指将垂直位置相同的各个散热器用立管进行连接的方式。根据散热器与立管的连接方式又可分为单管系统和双管系统两种;按供水、回水干管的布置位置和供水方向的不同又可分为上供下回、下供下回、下供上回综合式等方式。

(1)上供下回式系统是指供水干管在顶层散热器的上边,回水干管在底层散热器的下边。项目 2 就属于这一种供暖方式。

(2)下供下回式系统是指供水干管、回水干管都在底层散热器的下边。常用于有地下室的建筑物中或是在顶层建筑天棚下难以布置供水干管的场合。

(3)下供上回式系统是指供水干管在底层散热器的上边,回水干管在顶层散热器的下边。这种系统的特点是无须设置集气罐等排气装置。因为水、空气流动方向一致。

2)水平式系统

水平式系统是指将同一水平位置(同一楼层)的各个散热器用一根水平管道进行连接的方式。它可分为顺序式和跨越式两种方式。顺序式的优点是结构较简单、造价低,但各散热器不能单独调节;跨越式中各散热器可独立调节,但造价较高,且传热系数较低。

水平式系统与垂直式系统相比具有如下优点:

（1）构造简单，经济性好。

（2）管路简单，无穿过各楼层的立管，施工方便。

（3）水平管可以敷设在顶棚或地沟内，较隐蔽。

（4）便于进行分层管理和调节。

但水平式系统的排气方式要比垂直式系统复杂，它需要在散热器上设置冷风阀分散排气，或在同层散热器上串接一根空气管集中排气。

4. 按热媒温度分类

按热媒温度的不同，热水供暖系统可分为低温供暖系统（供水温度 $t < 100\ ℃$）和高温供暖系统（供水温度 $t \geqslant 100\ ℃$）。各个国家对高温水和低温水的界限都有自己的规定。在我国，习惯认为，低于或等于 $100\ ℃$ 的热水，称为低温水；超过 $100\ ℃$ 的水，称为高温水。室内热水供暖系统大多采用低温水供暖，设计供回水温度采用 $95\ ℃/70\ ℃$，高温水供暖宜在生产厂房中使用。

四、采暖系统实例

下面介绍几种常见的热水采暖系统。

1. 上供下回式垂直单管系统

在图 2-1-10 所示的系统图中，上供下回式垂直系统有两种形式：一种如图 2-1-10 中①、②所示，为顺流（串联）垂直单管系统；另一种如图 2-1-10 中立管③、④所示，为跨越式垂直单管系统。顺流（串联）垂直单管系统构造简单，造价低廉，水力稳定性好。但是不能调节散热器的散热量，容易出现室温不均，特别是上热下冷的现象。跨越式垂直单管系统设有跨越管和三通调节阀，在调节室温方面优于顺流式。

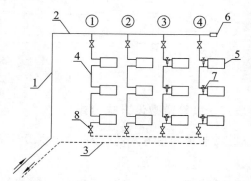

图 2-1-10　上供下回式垂直单管系统

1—总立管；2—供水干管；3—回水干管；

4—立管；5—散热器；6—自动排气阀；

7—跨越管配三通调节阀；8—阀门

2. 下供上回式垂直单管系统

图 2-1-11 所示为下供上回式垂直单管系统，即所谓倒流式系统，只能用于高温热水（过热水）供暖系统。在这种系统中，热水下进上出，热水温度由下至上逐渐降低，防止水汽化所需压力也随之降低，与上供下回系统相比，系统定压值低。但其传热系数要远低于其他方式。散热器用量增加，这是其致命弱点。这种系统现在已较少使用。

3. 上供下回式垂直双管系统

图 2-1-12 所示为上供下回式垂直双管系统，立管上各层散热器并联连接。热水流经各层散热器环路的流程基本相同。但是作用于各层散热器环路的自然水压却不相同。层散热所在楼层越高，水压也就越大。这种差异会导致上热下冷的现象。楼层越多，这种现象越严重。

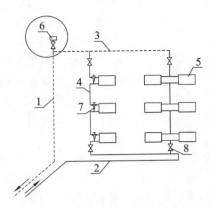

图 2-1-11　下供上回式垂直单管系统

1—总立管；2—供水干管；3—回水干管；4—立管；5—散热器；

6—自动排气阀；7—跨越管配三通调节阀；8—阀门

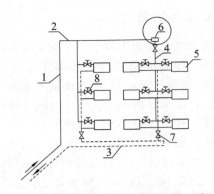

图 2-1-12　上供下回式垂直双管系统

1—总立管；2—供水干管；3—回水干管；4—立管；

5—散热器；6—自动排气阀；7—阀门；8—温控阀

任务 2　识读采暖工程图纸

一、采暖工程图纸识读方法

采暖工程图纸的识读方法与给排水工程基本相同。工程图纸都是由平面图和系统图组成的。

1. 平面图的识读

平面图详细表示水平管道的管径、坡度、定位尺寸及标高等内容。同时，也反映出供水管道、回水管道、散热器、阀门等在平面中的位置。

2. 系统图的识读

系统图是以轴测图（又名透视图）的形式来表示的。配合平面图反映并规定整个系统的管道及设备连接状况，指导施工，反映系统的工艺及原理。整个系统设计的正确、合理、先进与否，都在系统图上反映。在平面图中难以表示清楚的内容能在系统图中表示出来。

系统图与平面图需要相互对照才能识读清楚。

二、实践环节　练习识读项目 2 图纸

结合采暖工程常用图例，识读项目 2 图纸。

采暖工程图纸与给排水图纸一样，也有两种图纸，一种是平面图，一种是系统图。两种图纸需要相互配合来看。

项目 2 中，该工程为工厂一个车间的采暖工程。车间内有一个房间为休息室。

1. 看系统图

该采暖工程为上供下回垂直单管系统。供水干管在房屋上方,回水干管在房屋下方。供水干管用实线表示,回水干管用虚线表示。供水干管进入室内后,在天棚下方沿 B 轴右侧由①轴到⑤轴,然后拐弯,沿⑤轴左侧从 B 轴到 A 轴进入休息室。供水、回水管道管径为 DN25 的焊接钢管。供水干管以 $i=0.003$ 的坡度指向热水管道入口处,并在供水干管管道最高点处设置集气管。集气罐上设有 DN15 的排气管。

从供水干管上分出三个立管,与每个立管连接的是支管,立管、支管管径都为 DN20 的焊接钢管。热水通过立管、支管到达各组散热器。其中 2 个立管各自分别连接 2 组散热器,休息室中的 1 个立管连接 1 组散热器。热水通过散热器散热后汇集到回水干管,然后通过回水干管流出室外。

在供水干管、回水干管、立管、支管上有阀门。供水干管、回水干管上的阀门型号为 J4IT-1.6,其余为 J1IT-1.6。

2. 看平面图

沿 B 轴安装了 4 组散热器,每组散热器都为 16 片;在休息室内安装了 1 组散热器,散热器为 14 片。

在平面图上,供水干管、回水干管应该是重合的,但是为了便于看清图纸,有意使供水干管、回水干管错开一点距离。

单元 2.2 采暖工程工程量计算

【能力目标】
能根据《全国统一安装工程预算工程量计算规则》计算采暖工程的工程量。
【知识目标】
知识目标:掌握采暖工程工程量计算规则。

任务 1 确定要需计算工程量的项目

一、需要计算工程量的项目内容

采暖工程工程量计算具体项目内容如下。

（1）管道安装。

（2）管道套管制作安装。

（3）管道支架制作安装。

（4）刷油、防腐，管道、支架、散热器。

（5）管道冲洗。

（6）管道附件安装，阀门、减压器、疏水器、伸缩器制作安装等。

（7）散热器、集气罐安装。

由此可见，采暖工程与给排水工程的工程量计算绝大部分项目是相同的，不同之处在于给排水工程中是卫生器具，而采暖工程中是采暖器具。

二、界限的划分

室内外采暖管道以入口阀门或建筑物外墙皮 1.5 m 为界；与工业管道界线以锅炉房或泵站外墙皮 1.5 m 为界。工厂车间内采暖管道以采暖系统与工业管道碰头点为界；设在高层建筑内的加压泵间管道，以泵间外墙皮为界。

任务 2 采暖工程工程量计算方法

采暖工程中大部分项目的工程量计算方法同给排水安装工程，不同之处包括：散热器工程量计算、集气罐安装和管道增加的长度计算。

一、散热器工程量计算

1. 散热器种类

散热器可分为铸铁散热器、钢制散热器、光排管散热器等。

2. 工程量计算规则

（1）铸铁散热器安装。铸铁散热器安装（翼形、四柱、五柱、M132），均以"片"为计量单位，计算铸铁散热器的片数。

（2）钢制散热器安装。钢制闭式散热器以"片"为计量单位。钢制板式散热器、钢制壁式散热器、钢制柱式散热器安装均以"组"为计量单位。

安装定额已包括制垫、加垫、组成、栽钩、稳固、打眼、堵眼、水压试验。未计价材料为各种散热器定额，包括托钩制作与安装，不包括托钩材料价值。

套用散热器组成与安装定额时应注意以下几点：

① 各种型号散热器的安装,不分明装、暗装,均套用同一定额项。

② 柱形散热器为挂装时,可执行 M132 散热器安装项目。

③ 柱形和 M132 散热器安装用拉条时,拉条另计。

（3）光排管散热器安装。光排管散热器安装均以"m"为计量单位。已包括联箱管长度,不得另行计算。排管为未计价材料,工程量计算。

常用散热器规格、安装高度、散热面积和重量表如表 2-2-1 所示。

表 2-2-1 常用散热器规格、安装高度、散热面积和重量表

	长翼形		圆翼形		四柱	五柱	M132
	大 60	小 60	D50	D75			
散热器高度/mm	600	600			813	813	584
每片长度/mm	280	200	1000	1000	57	57	82
每片宽度/mm	115	115			178	203	132
每片散热面积/m²	1.17	0.8	1.1	1.8	0.28	0.33	0.24
每片重量/kg	28	19.26		38.23	7.9(有足) 7.55(无足)		6.5
每片水容量/L	8	5.66		4.42	1.37		1.3

二、集气罐制作安装

集气罐制作和安装分别按其公称直径规格,制作以"kg"为计量单位,安装以"个"为计量单位,套用《江苏省安装工程计价定额》(2014 版)第八册《工业管道工程》相应定额子目"膨胀水箱"的制作安装。

膨胀水箱的安装因容积(m³)不同,以"个"为计量单位。

膨胀水箱的制作按其本身重量套用铜板水箱制作相应定额项。膨胀水箱安装按其容积大小套用膨胀水箱安装专门的定额项。

膨胀水箱的制作和安装定额中均未包括任何与水箱连接的管道安装,也未包括支架制作和安装。

三、管道增加长度计算

采暖系统管道工程量计算规则:按图示管道中心线计算延长米,管道中阀门和管件所占长度均不扣除,但要扣除散热器所占长度。采暖系统的水平干管、垂直干管的计算与给排水管道的水平管、垂直管的计算相同,本节不再赘述,只介绍与散热器连接的水平支管、立支管的计算。

1. 揻弯增加长度

在采暖系统的安装过程中,常常需要对管道进行揻弯,以满足管道热胀量。在横干管与立

支管连接处、水平支管与散热器连接处,设乙字弯;在立支管与水平管交叉处,设抱弯绕行;在立管、水平管分支处,设羊角弯。

计算管道长度时,通常采用管道直线长度加管道撅弯的近似长度的方法。常见管道撅弯的近似增加长度见表 2-2-2。

表 2-2-2 撅弯增加长度

管 道	乙字弯/mm	抱弯/mm	羊 角 弯
立管	60	60	分支处设置 300~500
支管	35	50	

注:实际预算的计算中有时往往忽略。

2.水平支管(散热器支管)工程量的计算

水平支管长度即立管到散热器之间的距离。

1)单侧散热器水平支管计算

一般散热器中心与窗中心是重合的。

1 个水平支管长度=立管中心至散热器中心长度-散热器长度/2+乙字弯增加长度

注意:1 个散热器有 2 个水平支管(进和出)。

【例 2-2-1】 计算如图 2-2-1 所示的单侧散热器水平支管工程量。

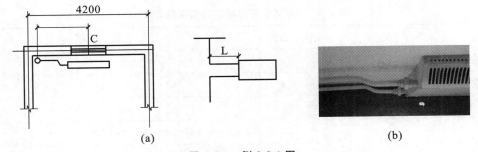

(a)   (b)

图 2-2-1 例 2-2-1 图

【解】 1 个水平支管长度=(4.2/2-0.12-0.03)-14×0.057/2+0.035=1.586 m

式中:0.057——该种散热器每片的长度;

0.035——乙字弯长度(撅弯)。

因 1 个散热器有 2 个水平支管(进和出),则水平支管总长度为

$$1.586 \times 2 = 3.172 \text{ m}$$

2)双侧散热器水平支管计算

1 个水平支管长度=两组散热器中心长度-两组散热器长度/2+两个乙字弯增加长度

注意:1 个散热器有 2 个水平支管(进和出),式中的 2 指的是 2 个散热器半长。

【例 2-2-2】 计算如图 2-2-2 所示的双侧散热器水平支管工程量。

【解】 1 个水平支管长度=4.2-(14+12)×0.057/2+0.035×2=3.529 m

式中:0.057——该种散热器每片的长度;

0.035——乙字弯长度(撅弯)。

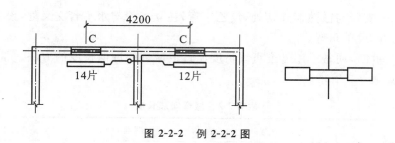

图 2-2-2　例 2-2-2 图

3. 立管工程量计算

因为供水水平干管、回水水平干管有坡度,因此标高按平均高度计算,其公式如下。

立管工程量长度＝图示长度＋立管乙字弯长度

单个立管长度＝立管上下端标高差－断开的散热器中心距长＋立管撅弯增加长度

四、实践环节　项目 2 工程量计算

项目 2 工程量的计算方法基本同项目 1。

注意:散热器刷油表面积的计算见"项目 1 单元 1.5"。

该工程工程量计算完整的计算过程如表 2-2-3 所示,工程量横单见表 2-2-4。

表 2-2-3　单室车间采暖工程工程量计算书

序号	工程名称		单位	数量	计算公式
一、	管道计算				
1	焊接钢管 DN25		m	34.72	
	供水、回水主管				
		水平	m	26.34	$(13.2+0.185-0.185-0.03)\times2=26.34$
			m	6.33	$(3.4-0.185-0.02-0.03)\times2=6.33$
		垂直		2.65	$2.7-0.05=2.65$
	小计		m	35.32	$26.34+6.33+2.65=35.32$
2	焊接钢管 DN20		m	15.65	
	立管		m	7.095	$((3.1+3.15)/2$(供水干管平均高度)$-0.80+0.06$ (立管乙字弯)$)\times3-0.06$(集气管处不用乙字弯)$=7.095$
	支管　进水 1		m	2.458	$3.3-0.057\times16+0.035$(支管乙字弯)$\times2=2.458$
	支管　进水 2		m	2.458	$3.3-0.057\times16+0.035$(支管乙字弯)$\times2=2.458$
	支管　回水 1,2		m	1.98	$(0.25$(水平)$+0.035$(支管乙字弯)$+(0.2-(0.04+0.06)/2)$(回水干管平均高度)$+0.06$(立管乙字弯)$)\times4=1.98$

序号	工程名称	单位	数量	计算公式
	支管 进水、回水3	m	2.082	$(1.3-0.057 \times 7+0.035$（支管乙字弯）$) \times 2+(0.2-0.05)+0.06=2.082$
	小计	m	15.65	$7.191+2.158+2.608+1.684+2.008 \approx 15.65$
3	集气管配管DN15	m	0.7	0.70
二、	钢套管			
1	DN40（DN25管道上）	个	2	2个
	DN32（DN20管道上）	个	2	2个
三、	支架	kg		DN32以上
1	DN25			
	水平管（进、回水）	个		$((13.2+0.185-0.85-0.03)+(3.4-0.185-0.02-0.03))/3.5+1=16.135/3.5+1 \approx 5$个 5个$\times 2=10$个
	垂直（回水）	个		1个
	小计	kg		10个$\times 1.05$ kg/个$+1$个$\times 0.2$ kg/个$=10.7$ kg
2	DN20 3个立管	kg		1个$\times 3=3$个 3个$\times 0.19$ kg/个$=0.57$ kg
	小计	kg	11.27	DN32以下
四、	阀门			
1	法兰截止阀J41T-1.6DN25	个	2.00	供水、回水 共2个
2	螺纹截止阀J11T-1.6DN25	个	1.00	进水干管1个
3	螺纹截止阀J11T-1.6DN20	个	8.00	立管3个、支管5个
4	螺纹截止阀J11T-1.6DN15	个	2.00	集气管1个、回水管出口支管1个
五、	散热器			
	813型	片	78	$16 \times 4+14=78$
六、	刷油			
1	钢管刷油	m²	5.06	$34.72 \times 0.1059+15.65 \times 0.0855+0.7 \times 0.0669 \approx 5.06$
2	支架刷油	kg	11.27	
3	散热器刷油	m²	21.84	$78 \times 0.28=21.84$
七、	管道冲洗、试压	m	51.07	$34.72+15.65+0.7=51.07$
八、	集气罐	个	1	

表 2-2-4　工程量横单

序号	工程名称	单位	数量
1	焊接钢管 DN25	m	35.71
2	焊接钢管 DN20	m	16.40
3	焊接钢管 DN15	m	0.70
4	钢套管 DN40（DN25）	个	2.00
5	钢套管 DN32（DN20）	个	2.00
6	支架	kg	0.00
7	法兰截止阀 J41T-1.6DN25	个	2.00
8	螺纹截止阀 J11T-1.6DN25	个	1.00
9	螺纹截止阀 J11T-1.6DN20	个	8.00
10	螺纹截止阀 J11T-1.6DN15	个	2.00
11	散热器	片	78.00
12	钢管刷油	m²	5.06
13	支架刷油	kg	11.27
14	散热器刷油	m²	21.84
15	管道冲洗、试压 DN25、DN20	m	52.11
16	集气罐	个	1.00

单元 2.3　采暖工程定额套用及工程造价的确定

【能力目标】

能够根据《江苏省安装工程计价定额》2014 版套用相应定额，并计算工程直接费。

【知识目标】

《江苏省安装工程计价定额》2014 版第 10 册、第 11 册。

任务 1　套用定额，计算工程分部分项费用

项目 2 的工程直接费的计算方法也与项目 1 基本相同，不同之处在于采暖工程还需计取采

暖系统调试费。

根据定额第 8 册章节说明中有关费用计取的规定,采暖工程系统调整费应按采暖工程人工费的 15％计算,其中人工工资占 20％。

计取基数为直接费中的人工费。

该工程分部分项费用计算过程见表 2-3-1。

表 2-3-1　单室车间采暖工程分部分项费用计算表

定额编号	定额名称	定额单位	主材定额含量	数量	综合单价 综合单价	综合单价 其中人工费	合价 合价	合价 其中人工费	主材单价	主材合价
10-257	焊接钢管 DN25 焊接	10 m		3.57	192.40	116.92	686.87	417.40		
主材	焊接钢管 DN25	m	10.2	36.41					10.07	366.59
10-247	焊接钢管 DN20 丝接	10 m		1.65	246.48	141.34	406.69	233.21		
主材	焊接钢管 DN20	m	10.2	16.83					6.78	114.12
10-246	焊接钢管 DN15 丝接	10 m		0.07	235.06	141.34	16.45	9.89		
主材	焊接钢管 DN15	m	10.2	0.71					5.20	3.71
10-396	钢套管制作安装 DN40	10 个		0.20	278.66	122.84	55.73	24.57		
10-395	钢套管制作安装 DN32	10 个		0.20	268.01	122.84	53.60	24.57		
10-382	支架制作	100 kg		0.00	537.24	176.86	0.00	0.00		
主材	型钢	kg	106	0.00						
10-383	支架安装	100 kg		0.00	457.27	244.20	0.00	0.00		
10-429	法兰截止阀 J41T-1.6 DN25(螺纹连接)	个		2.00	80.84	17.76	161.68	35.52		
主材	法兰截止阀 J41T-1.6	个	1.01	2.02					65.00	131.30
10-420	螺纹截止阀 J11T-1.6DN25	个		1.00	21.77	8.14	21.77	8.14		
主材	螺纹截止阀 J11T-1.6	个	1.01	1.01					70.00	70.70
10-419	螺纹截止阀 J11T-1.6DN20	个		8.00	17.34	7.40	138.72	59.20		
主材	螺纹截止阀 J11T-1.6	个	1.01	8.08					50.00	404.00
10-418	螺纹截止阀 J11T-1.6DN15	个		2.00	16.34	7.40	32.68	14.80		
主材	螺纹截止阀 J11T-1.6	个	1.01	2.02					40.00	80.80
10-786	散热器安装	10 片		7.80	128.14	25.90	999.49	202.02		
主材	散热器	片	6.91	53.90					30.00	1 616.94
11-1	管道除锈	10 m²		0.51	36.09	21.46	18.41	10.94		
11-51	管道刷红丹第一遍	kg		0.51	29.98	17.02	15.29	8.68		
主材	防锈漆	kg	1.47	0.75					16.00	12.00

定额编号	定额名称	定额单位	主材定额含量	数量	综合单价 综合单价	综合单价 其中人工费	合价 合价	合价 其中人工费	主材单价	主材合价
11-52	管道刷红丹第二遍	10 m²		0.51	29.55	17.02	15.07	8.68		
主材	防锈漆	kg	1.3	0.66					16.00	10.61
11-56	管道刷银粉第一遍	10 m²		0.51	36.28	17.76	18.50	9.06		
主材	清漆各色	kg	0.36	0.18					18.10	3.32
11-57	管道刷银粉第二遍	10 m²		0.51	34.45	17.02	17.57	8.68		
主材	清漆各色	kg	0.33	0.17					18.10	3.05
11-7	支架除锈	100 kg		0.11	43.29	21.46	4.63	2.30		
11-117	支架刷红丹第一遍	100 kg		0.11	33.88	14.80	3.63	1.58		
主材	防锈漆	kg	1.16	0.12					16.00	1.99
11-118	支架刷红丹第二遍	100 kg		0.11	32.33	14.06	3.46	1.50		
主材	防锈漆	kg	0.95	0.10					16.00	1.63
11-122	支架刷银粉第一遍	100 kg		0.11	36.37	14.06	3.89	1.50		
主材	清漆各色		0.25	0.03					18.10	0.48
11-123	支架刷银粉第二遍	100 kg		0.11	35.52	14.06	3.80	1.50		
主材	清漆各色	kg	0.23	0.02					18.10	0.45
11-1	散热器除锈	10 m²		2.18	36.09	21.46	78.82	46.87		
11-84	散热器刷红丹第一遍	10 m²		2.18	27.72	15.54	60.54	33.94		
主材	防锈漆	kg	1.46	3.19					16.00	51.02
11-85	散热器刷红丹第二遍	10 m²		2.18	27.29	15.54	59.60	33.94		
主材	防锈漆	kg	1.28	2.80					16.00	44.73
11-200	散热器刷银粉第一遍	10 m²		2.18	43.85	21.46	95.77	46.87		
主材	清漆各色	kg	0.45	0.98					18.10	17.79
11-201	散热器刷银粉第二遍	10 m²		2.18	41.39	20.72	90.40	45.25		
主材	清漆各色	kg	0.41	0.90					18.10	16.21
10-371	管道冲洗	100 m		0.51	79.34	36.26	40.46	18.49		
8-2896	集气罐制作	个		1.00	91.22	39.27	91.22	39.27		
主材	无缝钢管	m	0.3	0.30					50.24	15.07
主材	熟铁管箍	个	2	1.00					30.00	30.00
8-2901	集气罐安装	个		1.00	24.74	16.17	24.74	16.17		
	小计						3 219.49	1 364.56		2 996.49

续表

定额编号	定额名称	定额单位	主材定额含量	数量	综合单价		合价		主材单价	主材合价
					综合单价	其中人工费	合价	其中人工费		
第10册说明	采暖系统调试费						204.68	40.94		
	合计						3 424.17	1 405.50		
	其中第10册人工费							1 144.19		
	其中第11册人工费							261.30		
	单项措施项目									
第10册说明	脚手架搭拆						57.21	14.30		
第11册说明	脚手架搭拆						20.90	5.23		
	单项措施项目小计						78.11	19.53		
	合计						3 502.29	1 425.03		2 996.49

任务 2 确定工程造价

按《江苏省建设工程费用定额》(2014 年)规定的费用计算程序计算工程措施项目费用、其他项目费用、规费、税金等费用,编制工程费用汇总表,进而确定工程造价。计算过程见表 2-3-2。

预算编制说明:略。

预算封面:略。

表 2-3-2　单室车间采暖工程工程造价计价程序

序号	内　容	计 算 方 法	金额/元
1	分部分项工程费合计	1.1+1.3	6 420.66
1.1	综合计价合计	∑(分部分项工程量×分项子目综合单价)	3 424.17
1.2	分部分项工程费中人工费合计	∑(分部分项工程量×分项子目综合单价中人工费)	1 405.50
1.3	未计价主材费用	主材费合计	2 996.49
2	措施项目费	2.1+2.2	169.09

续表

序号	内容	计算方法	金额/元
2.1	单价措施项目费	(脚手架搭拆费)	78.11
2.2	总价措施项目费	2.3	90.98
	其中:安全文明施工增加费	(1+2.1)×1.4%(费用定额规定)	90.98
3	其他项目	该工程无此费用	0.00
4	规费	按规定标准计算	176.61
4.1	其中:1.工程排污费	(1+2)×0.1%(环保部门规定)	6.59
4.2	2.社会保险费	(1+2)×2.2%(费用定额规定)	144.97
4.3	3.住房公积金	(1+2)×0.38%(费用定额规定)	25.04
5	税金	(1+2+3+4)×3.48%(南京市)规定税率	235.47
	工程造价合计	(1+2+3+4+5)	7 001.83

练习与提高

下面是一套完整的"办公楼采暖安装工程"图纸(见图 2-4-1 至图 2-4-4)。根据前面所学习的知识,编制该安装工程的施工图预算。

说 明:

(1) 本设计采暖热媒为95/70 ℃热水,采暖热负荷为62.9 kW。

(2) 管道采用低压流体输送用焊接钢管,未注明管道及散热器支管管径为DN20,散热器底部距地安装高度为250 mm。

(3) 管路系统中的最高点和最不利点设自动排气阀,排气阀管径均为DN20,最低处应设置丝堵。

(4) 管道活动支架、吊架、托架的具体形式及安装位置由安装单位根据现场情况而定,做法参见《室内管道支吊架》(05R417-1)。

(5) 当管道≤DN32时,采用丝扣连接;当管道>DN32时,采用焊接连接。

(6) 敷设在不采暖房间内的管道须保温,保温材料选用岩棉保温管壳,保温厚度见材料表,保护层采用复合铝箔。

(7) 轴流风机安装详见国标图集《通风机安装》(k101-1~3),采用甲型安装。

(8) 图中所有图例均请参照《暖通空调制图标准》(GB/T50114-2010)。

(9) 其他未尽事宜应遵照《建筑给水排水及采暖工程施工质量验收规范》(GB50242-2002)及《通风与空调工程施工质量验收规范》(GB50243-2002)的有关规定。

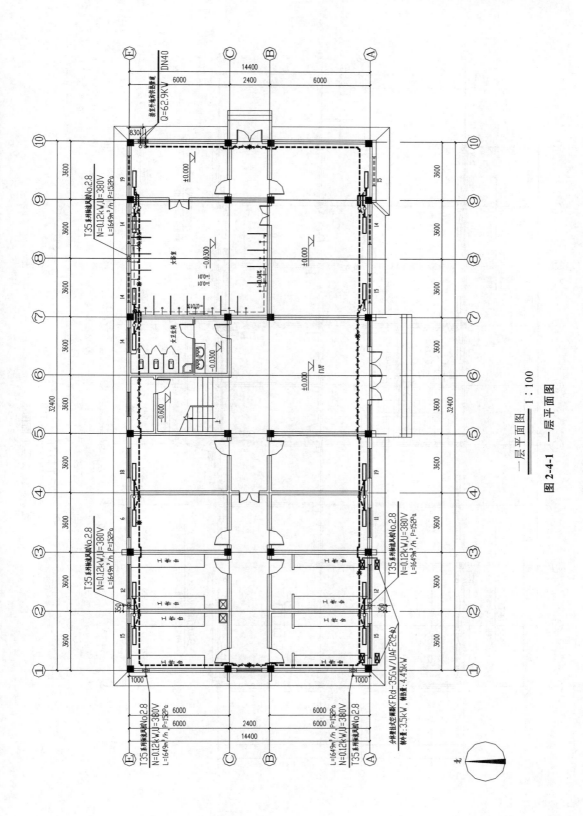

一层平面图 1:100

图 2-4-1 一层平面图

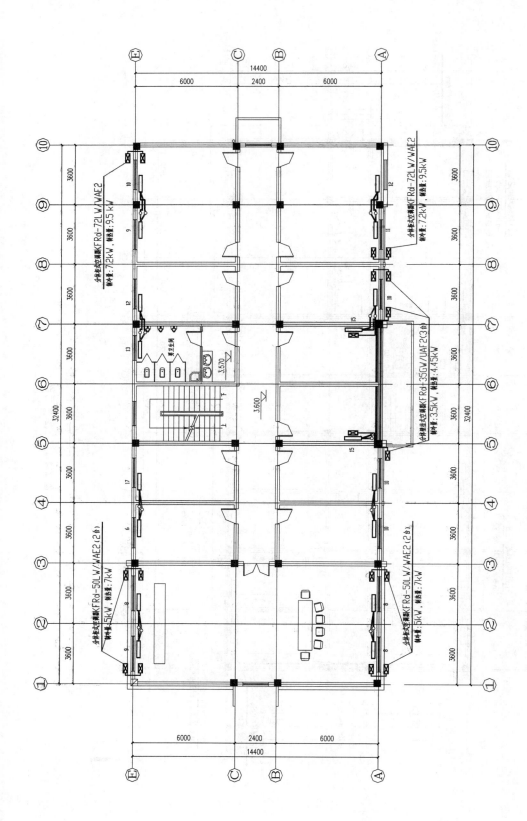

二层平面图 1：100

图2-4-2 二层平面图

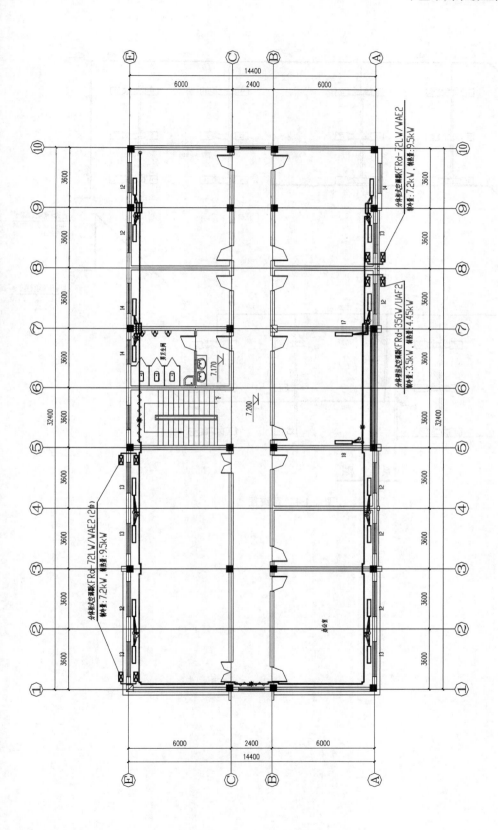

三层平面图 1：100

图2-4-3 三层平面图

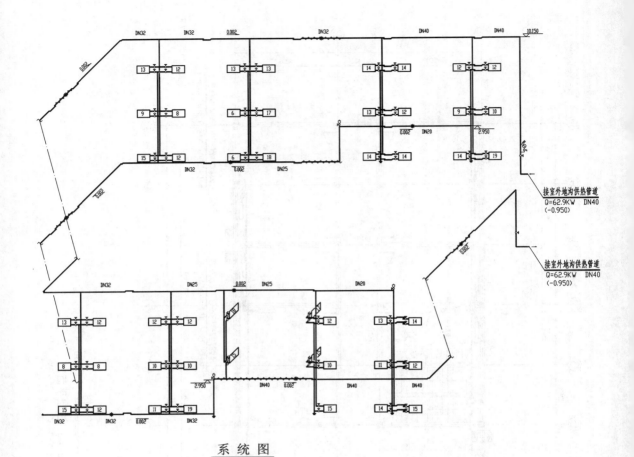

系统图

图 2-4-4 系统图

项目 3

宿舍电气照明工程预算编制

宿舍电气照明施工图如图 3-0-1 至图 3-0-3 所示,设计说明及图例如图 3-0-4 所示。

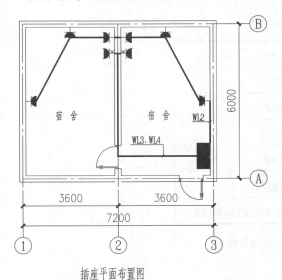

插座平面布置图

图 3-0-1　插座平面布置图

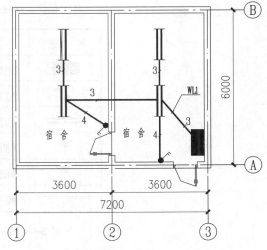

照明灯具平面布置图

图 3-0-2　照明灯具平面布置图

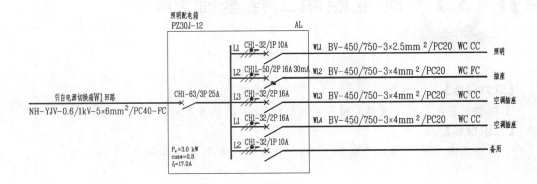

照明系统图

图 3-0-3　照明系统图

设计说明

(1) 光源:荧光灯选用细管T8节能型荧光灯。

(2) 照明、插座均由不同的支路供电,普通照明为单相二线+PE线制,照明配电箱出线采用耐火绝缘导线,其他均为阻燃绝缘导线。所有插座回路均设漏电断路器保护。

(3) 照明配电箱底边距地面1.5 m暗装;普通插座为单相两孔+三孔安全型插座;空调插座底边距地面1.8 m暗装;普通插座底边距地面0.3 m;照明开关均底边距地面1.4 m暗装,距门框0.2 m。配电箱尺寸为450 mm×450 mm×300 mm。

(4) 照明线路穿管沿墙、地面或楼板暗敷。房屋层高3.0 m,天棚、地面板厚皆为200 mm。

图 例

图 形	说 明
▬	照明配电箱
↗	暗装双极开关
 ⊢┤	双管荧光灯
▽	单相五孔插座
▽ₖ	单相五孔插座
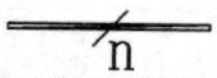 ╱n	照明线路(斜线及数字表示导线根数)

图3-0-4 设计说明及图例

单元 3.1 配电照明工程基础知识

【能力目标】
①能够分析电气配电照明工程系统的结构组成;②读懂简单的电气配电照明工程图纸。

【知识目标】
①熟悉配电照明工程线路敷设方式;②认识电气工程常见材料。

任务 **1** 常见的强电工程和弱电工程

1. 强电工程

一般的电气设备安装工程是以接收电能,经变换、分配电能,到使用电能所形成的工程系统,按其主要功能分为电气配电照明系统、动力系统、变配电系统等。以电能的接收、传输、分配、使用为主的工程系统常称为强电工程。

2. 弱电工程

以接收、传输、分配、转换电信号为主的电气设备安装工程常称为弱电工程。常见的建筑弱电工程有有线电视系统、建筑电话系统、广播音响系统等。

项目三介绍的电气配电照明工程属于强电工程。

任务 **2** 电气配电照明系统组成

将电能转换为光能的电气装置构成电气照明系统,它包括工矿企业生产用照明和民用建筑照明等。

建筑物内部的照明供配电系统对容量较大的负荷一般采用 380/220 V 三相四线制配电方式,如图 3-1-1 所示。

每根相线与中线之间均组成电压为 220 V 的单相二线制电路,将照明负荷尽可能均匀地分配到三相电路中,形成三相对称负荷。为保证安全用电,中线在进户前要进行接地。

电气照明系统组成一般包括:电源引入、配电箱、配电线路(干线、支线)、照明灯具。

照明线路的基本形式如图 3-1-2 所示。

其中线路分为以下几种。

(1) 接户线　由室外架空线路的电线杆至建筑物外墙的支架,这段线路称为接户线。

(2) 进户线　从建筑物外墙的支架至照明配电箱,这段线路称为进户线。

(3) 干线　由总配电箱至分配电箱的线路称为干线。

(4) 支线　由分配电箱引出的线路称为支线。支线数目应尽可能为 3 的倍数,以便三相能平均分配支路负荷,减少事故的发生。

虚线部分为照明总配电箱和分配电箱。

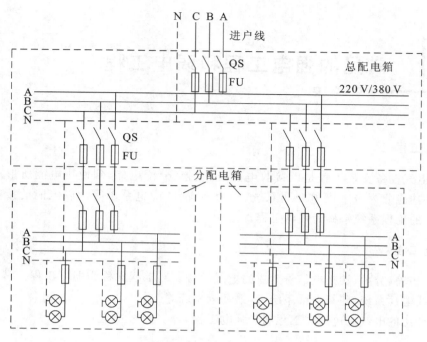

图 3-1-1　照明供配电系统

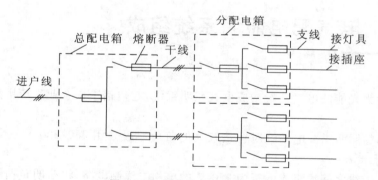

图 3-1-2　照明线路的基本形式

一、电源引入——电源进户线

电源进户线有架空进户、电缆埋地进户两种方式。

1. 架空进户

架空进户包括进户线横担、电源进户线和进户保护管三部分。

2. 电缆埋地进户

电缆埋地进户是指电缆直接埋地进户,电缆穿基础应有保护管。

无论哪种进线方式,进户线进入配电箱时沿墙明敷,外穿保护管。

二、配电箱

配电箱的作用是分配电能。一般电路中分为总配电箱、分配电箱。总配电箱内包括照明总开关、总熔断器、电能表和各干线的开关、熔断器等电器。分配电箱有分开关和各支线的熔断器。

配电箱分为照明配电箱和动力配电箱,安装方式有明装和暗装,形式有落地式和悬挂式。配电箱箱底距地面高度一般暗装配电箱为 1.5 m,明装配电箱和配电板不应小于 1.8 m。

三、配电线路

1. 线路敷设方式

线路敷设方式有两种,即明敷和暗敷。

(1)明敷   明敷是指导线直接敷设或穿管敷设,通常沿着建筑物的顶棚、墙壁等敷设。常用的明敷种类有:夹板配线、瓷瓶配线、槽板配线、保护管配线、线槽配线等,如图 3-1-3 所示。

(a)保护管配线

(b)线槽配线

(c)槽板

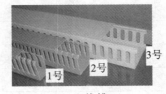

(d)线槽

图 3-1-3   常用的明敷方式

(2)暗敷   暗敷是指导线穿管敷设在墙壁、顶板或地坪等处的内部,或在混凝土板孔内敷设。常用的暗敷种类为管内穿线,如图 3-1-4 所示。

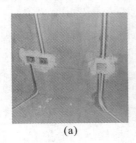

(a)

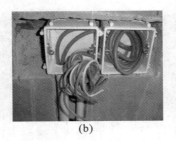

(b)

图 3-1-4   暗敷(管内穿线)

133

2. 常用材料

1）电线

电线是电气工程中的主要材料，分为绝缘电线和非绝缘电线两大类。

（1）绝缘电线：绝缘电线按线芯材料分为铝芯线、铜芯线；按线芯性能分为硬线、软线；按绝缘及保护层分为橡胶绝缘线、塑料绝缘线、氯丁橡胶绝缘线、聚氯乙烯绝缘聚氯乙烯护套线（以上统称电线）等。导线的上述分类特点都是通过型号表示的。常用绝缘导线的型号、名称和用途见表 3-1-1。

表 3-1-1　常用绝缘导线的型号、名称和用途

型　号	名　称	用　途
BX(BLX)	铜（铝）芯橡胶绝缘线	适用于交流 500 V 及以下或直流 1 000 V 及以下的电气设备及照明装置
BXF(BLXF)	铜（铝）芯氯丁橡胶绝缘线	
BXR	铜芯橡胶绝缘软线	
BV(BLV)	铜（铝）芯聚氯乙烯绝缘线	适用于各种交流、直流电器装置，电工仪表、仪器，电信设备，动力及照明线路固定敷设
BVV(BLVV)	铜（铝）芯聚氯乙烯绝缘聚氯乙烯护套圆形电线	
BVVB(BLVVB)	铜（铝）芯聚氯乙烯绝缘聚氯乙烯护套平行电线	
BVR	铜芯聚氯乙烯绝缘软电线	
BV-I05	铜芯耐热 105 ℃聚氯乙烯绝缘电线	
RV	铜芯聚氯乙烯绝缘软线	适用于各种交流、直流电器，电工仪器，家用电器，小型电动工具，动力及照明装置的连接
RVB	铜芯聚氯乙烯绝缘平行软线	
RVS	铜芯聚氯乙烯绝缘绞型软线	
RV-105	铜芯耐热 105 ℃聚氯乙烯绝缘连接软电线	
RXS	铜芯橡胶绝缘电棉纱编织绞型软电线	
RX	铜芯橡胶绝缘电棉纱编织圆形软电线	

如表中所列橡皮绝缘电线：BX、BBX、BLX，聚氯乙烯绝缘电线：BV、BVV 等。截面较小的有 1.0 mm^2、1.5 mm^2、2.5 mm^2、4 mm^2；截面较大的有 6 mm^2、10 mm^2、16 mm^2、25 mm^2 等。

（2）裸导线：裸导线是没有绝缘层保护的导线，常用的种类有 LJ 铝绞线、LGJ 钢芯铝绞线、LMY 铝母线、TMY 铜母线等。LJ 铝绞线常用于室外架空线路或厂房内。

2）电缆

（1）电力电缆：电力电缆有绝缘层和保护层，如图 3-1-5 所示。常用的高压电力电缆包括 YJV、YJLV，如图 3-1-6 所示。YJ 指交联聚氯乙烯绝缘；V 指聚氯乙烯护套；L 指铝芯，没有标注则指铜芯。

常用的低压电力电缆包括 VV、VLV，如图 3-1-7 所示。V 指聚氯乙烯绝缘；V 指聚氯乙烯护套；L 指铝芯，没有标注则指铜芯。

图 3-1-5　电力电缆

图 3-1-6　YJV 电力电缆

图 3-1-7　VV 电力电缆

（2）控制电缆。

常用的控制电缆有 KVV、KLVV，如图 3-1-8 所示。

① KVV 指铜芯聚氯乙烯绝缘、聚氯乙烯护套控制电缆。

② KLVV 指铝芯聚氯乙烯绝缘、聚氯乙烯护套控制电缆。

图 3-1-8　控制电缆

四、照明电气设备和照明器具

1. 低压开关

常用的低压开关有断路器、闸刀开关、灯具开关及其他开关。

（1）断路器　一般都安装在配电箱内或配电板上。

（2）闸刀开关　有胶盖、铁盖两种，并有单相、三相之分。如 3P-30A 表示三相闸刀开关，额定电流 30 A。一般都安装在配电箱内或配电板上。

（3）灯具开关　根据控制照明支路的不同，可分为单联开关、双联开关和三联开关。单联（单极）开关是指一个板上一个开关；多联（多极）开关是指一个板上多个开关。根据开关结构的不同又可分为扳把开关、翘板开关、拉线开关。

（4）其他开关　其他开关包括有限位开关、按钮等。

对开关的安装高度要求为：拉线开关安装一般距顶棚 0.2～0.3 m，其他开关一般距地面 1.3 m。

2. 照明灯具

照明灯具的安装分为室内安装和室外安装两种。室内灯具的安装方式通常有吸顶灯式、嵌入式、吸壁式和悬吊式。悬吊式又可分为软线吊灯、链条吊灯和钢管吊灯。室外灯具一般安装在电杆上、墙上或悬挂在钢索上。

灯具的悬挂高度由设计决定,并在施工图中加以标注。

3. 插座

插座分为单相二孔、单相三孔、单相五孔和三相四孔等,安装方式为明装和安装两种。

单相是指一根火线;单相二孔是指一根零线,一根相线(左零右相);单相三孔是指一根零线,一根相线,一根接地线(左零右相,上接地);三相是指三根火线;三相四孔是指一根零线,三根相线(左、右、下相,上零线)。

普通插座安装高度一般距地面 0.3 m,这些插座的配管、配线施工一般沿地面暗敷(FC);厨房、卫生间等插座的安装高度一般距地面 1.5 m;空调插座安装高度一般距地 1.8 m,这些插座的配管、配线施工一般沿顶板暗敷(CC)。同一场所的插座安装高度尽量一致。

4. 接线盒

在配管配线工程中,无论是明配还是暗配均存在线路接线盒(分线盒)、接线箱、开关盒、灯头盒及插座盒的安装。

根据施工规范的规定,无论明敷还是暗敷的接线线路中,禁止有任何形式的接线,所有的接线必须在线路接线盒(分线盒)。线路接线盒(分线盒)产生在管线的分支处或管线的转弯处。接线盒一般安装在墙上,安装高度为顶棚下 0.2 m 处。

暗装的开关、插座应有开关接线盒和插座接线盒,暗配管线到灯位处应有灯头接线盒。钢管配钢质接线盒,塑料管配塑料接线盒。

根据施工规范的要求,线路长度超过下列范围时,应按规范要求装设分线箱和接线盒。

(1)管子全长超过 30 m 无弯曲。

(2)管子全长超过 20 m 有一个弯曲。

(3)管子全长超过 15 m 有两个弯曲。

(4)管子全长超过 8 m 有三个弯曲。

5. 电缆头制作

电缆头分为电缆中间头和电缆终端头两种,如图 3-1-9 所示。

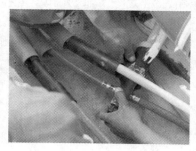 

(a)电缆中间头 　　　　　　　　(b)电缆终端头

图 3-1-9　电缆头

单元 3.2 动力及照明工程施工图识读

【能力目标】

能读懂简单的电气照明工程图纸（系统图和平面布置图）。

【知识目标】

①熟悉电气照明工程图纸的表达方式；②熟悉电气工程图纸中常见的图形符号及文字符号。

电气动力及照明工程施工图的主要表达形式为系统图、框图、平面布置图、安装接线图、电路原理图等，其中最主要的、最基本的是系统图和平面布置图。这是本单元学习的重点。

任务 1 动力及照明系统图

动力及照明系统图表示某一建筑物内外的动力（如电动机等）、照明、插座、电风扇及其他电器的供电与配电的基本情况，并集中反映动力及照明的安装容量、计算容量、配线方式、电线电缆的型号规格、线路的敷设方式等概况，表示电气系统各线路之间的供电与配电结构关系。

一般建筑物的图纸，动力系统和照明系统各有一套图纸。而在一些小的建筑物中，动力系统及照明系统是合并出现在一套图纸中的，统称为照明系统。即照明系统中除了包含灯具、开关等照明器具外，也包含插座等动力器具。

任务 2 动力及照明平面布置图

动力及照明平面布置图表示建筑物内动力及照明及其他用电设备、电气线路平面布置及电气安装情况。这些图是按照建筑物不同标高的楼层分别画出的，动力、照明分开布置。所以在图纸中一般会分别出现照明平面布置图、插座平面布置图。

动力系统和照明系统在平面图上采用图形符号及文字符号相结合的方式表示线路的走向、导线的型号、规格、根数、长度、线路配电方式、线路用途等。

一、图形符号及文字符号

电气图形符号是我国制定的电气制图标准,如图 3-2-1 所示。

序号	图 例	名 称	序号	图 例	名 称
1	▭	照明或动力配电箱	7	⌀	单联单控扳把开关
2	 ⊗ ★ 根据需要,★代指字母,标注在图形符号旁边,以区别不同类型灯具。例: ⊗ C 表示为吸顶灯	C——吸顶灯	8	⌀2	双联单控扳把开关
		E——应急灯	9	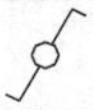 ⌀	两控单极开关
		G——圆球灯	10	◎	按钮
		L——花灯	11	⌓	门铃
		P——吊灯	12	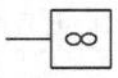 ⌷∞	风扇,示出引线
		R——筒灯	13	Wh	电度表
		W——壁灯	14	⌷⌷⌷	访客对讲电控防盗门主机
		EN——密闭灯	15	⌷□⌷	可视对讲机
		LL——局部照明灯	16	●	避雷针
3	 ⊢⊣	单管荧光灯	17	 ⧄	电缆桥架线路
4	 ⊢⊟⊣	二管荧光灯	18	 ╱	向上配线
5	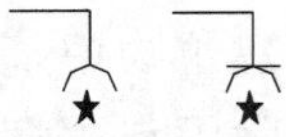 ★ ★ 根据需要,★代指字母,标注在图形符号旁边,以区别不同类型插座。	1P——单相(电源)插座	19	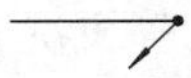 ╱	向下配线
		3P——三相(电源)插座	20	 ╱	中性线
		1C——单相暗敷(电源)插座	21	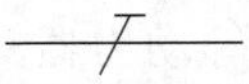 ╱	保护线
		3C——三相暗敷(电源)插座	22	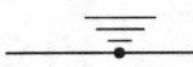 ⏚ E	接地极
		1EN——单相密闭(电源)插座	23	PE	保护接地线
		3EN——三相密闭(电源)插座			
6	◉	接线盒、连接盒			

图 3-2-1 电气图形符号

二、导线根数的表示方法

导线根数一般用单线表示,一条图线代表一组导线,要表示出导线根数,可在线上加几条小短斜线或一条短斜线加数字表示,具体如图 3-2-2 所示。

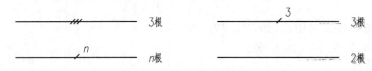

图 3-2-2　导线根数的表示方法

三、线路配线方式的标注符号

线路配线方式的标注符号如表 3-2-1 和表 3-2-2 所示。

表 3-2-1　线路敷设方式代号

中 文 名 称	拼音代号(旧)	英文代号(新)
(焊接)钢管敷设	G	SC
电线管敷设	DG	T(TC)
塑料管(PVC 管)敷设	VG	PC(PVC)
铝卡片敷设	QD	AL
金属线槽敷设	GC	MR
塑料线槽敷设	XC	PR
电缆桥架敷设	—	CT
钢索敷设	5	M
明敷设	M	E
暗敷设	A	C

表 3-2-2　线路敷设部位代号

中 文 名 称	拼音代号(旧)	英文代号(新)	备　注
地面(板)	D	F	
墙	Q	W	各部位代号与 E 组合为明敷;与 C 组合为暗敷。例如,FC 为埋地敷设,WE 为沿墙明敷,CC 为顶板内暗敷,WC 为沿墙暗敷,BE 为沿梁明敷
柱	Z	CL	
梁	L	B	
构架	—	R	
顶棚(板)	P	C	
吊顶	P	AC	

四、文字符号表示线路的标注方式

线路标注的基本格式在电气平面图中要求把照明线路的编号,导线型号、规格、根数、管径、敷设方式及敷设部位表示出来,并标示在图线的旁边。其标注的基本格式为:

$$a\text{-}b\text{-}c(d×e＋f×g)\text{-}i\text{-}j\text{-}k$$

其中:a——线路编号或线路用途,如 WL、WP、Nl 等;

b——线缆型号,如 BV、BLV 等;

c——线缆根数;

d——电缆线芯数;

e——线芯截面,mm^2;

f——PE、N 线芯数;

g——线芯截面,mm^2;

i——线缆敷设方式;

j——线缆敷设部位;

k——线缆敷设安装高度,m。

线路标注中 a～h 所表示的项如果没有内容则可以省略。

例如,"N1-BV-2×2.5＋PE2.5-TC20-WC"可解释为:N1 为线路编号,表示 N1 回路;BV 为导线型号,表示铜芯聚氯乙烯绝缘导线;2×2.5＋PE2.5 表示导线根数为 2 根,截面为 2.5 mm^2,PE 为 1 根接地保护线,截面为 2.5 mm^2。

TC20 表示导线敷设方式为穿电线管敷设,穿管管径为 20 mm;WC 表示敷设部位为沿墙暗敷。

又如,"WP201-YJV-0.6/1 kV-3×150＋1×70-SC80-WE-3.5"可解释为:电缆编号为 WP201;电缆型号为 YJV;规格为 0.6/1 kV-3×150＋1×70,电缆中有 3 个截面为 150 mm^2 的线芯和 1 个截面为 70 mm^2 的线芯,敷设方式为穿管径 80 mm 的焊接钢管,沿墙明敷,线缆敷设高度距地面 3.5 m。

五、照明灯具的标注

照明灯具标注的基本格式为:

$$a\text{-}b\ \frac{c×d×L}{e}f$$

其中:a——灯具个数;

b——灯具型号或编号;

c——每个灯具的灯泡(管)数;

d——灯泡(管)容量,W;

e——灯具安装高度,m;

f——灯具安装方式;

L——光源种类(Ne 氖,Xe 氙,FL 荧光)。

例如,5-BYS80(2×40×FL)CS/3.5 可以解释为:5 盏 BYS80 型号的灯具,每盏灯具有 2 根 40 W 荧光灯管,灯具采用链吊安装,安装高度距地面 3.5 m,光源的种类为荧光光源。

其中灯具安装方式符号和照明灯具种类符号分别如表 3-2-3 和表 3-2-4 所示。

表 3-2-3 灯具安装方式符号

名 称	符 号	名 称	符 号	名 称	符 号
线吊式	SW	壁装式	W	顶棚内安装	CR
链吊式	CS 或 Ch	嵌入式	R	墙壁内安装	WR
管吊式	DS 或 CP	吸顶式	C 或—	座装	HZ

表 3-2-4 照明灯具种类符号

名 称	符 号	名 称	符 号	名 称	符 号
普通吊灯	P	柱灯	Z	荧光灯	Y
壁灯	B	投光灯	T	工厂一般灯具	G
吸顶灯	D	花灯	H	防水防尘灯具	F

任务 3 项目 3——室内电气照明图纸识读

一、电气照明工程图纸识读方法

如前所述,电气照明工程图纸主要包括系统图和平面布置图。系统图表示电气系统各线路之间的结构关系;平面布置图表示系统各电器元件在平面上的布置位置。

1. 电气照明平面布置图表示的主要内容

平面布置图描述的主要对象是照明电气线路和照明设备,一般包括以下内容。

(1)电源进线、电源总配电箱及各分配电箱的型号、安装方式。

(2)照明线路中导线的型号、规格、根数,线路走向、配线方式、敷设方式、导线连接方式等。

(3)照明灯具的类型、安装方式、安装位置等。

(4)照明开关的类型、安装位置等。

(5)插座等电器的类型、安装位置等。

要在一个平面图中表示以上如此多的内容,不可能按照实物的实际形状来表示,只能采用图形符号和文字符号来描述。因此,电气照明平面布置图属于一种简图。

2. 照明线路和照明设备垂直方向位置的确定方法

电气照明平面布置图不可能直观地表示出线路和照明设备在垂直方向敷设和安装的情况，所以箱、柜、盘、板、开关、插座等垂直方向的安装高度一般通过文字来描述，通常可画出垂直方向安装示意图（见图 3-2-3）。

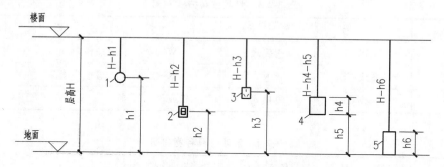

图 3-2-3　线管垂直长度计算示意图

1—拉线开关；2—翘板开关壁灯；3—普通插座；4—墙上配电箱；5—落地配电箱

二、项目 3——宿舍电气照明图纸的识读

以项目 3 图纸为例（见图 3-0-1、图 3-0-2、图 3-0-3），学习电气照明图纸的识读方法。

阅读该电气照明图纸，通常应先了解建筑物概况，然后逐一分析供电系统、灯具布置、插座布置及线路走向、看图时应将系统图与平面图对照识读。

1. 建筑物概况

该建筑物为砖混结构一层，层高 3 m。共 2 个房间，墙体为砖砌体，厚度为 240 mm，楼板为钢筋混凝土现浇，板厚 200 mm。

其电气照明施工图如图 3-0-1、图 3-0-2 和图 3-0-3 所示，设计说明及图例如图 3-0-4 所示。

图 3-0-1 至图 3-0-4 所示内容虽然属于土建情况，但与电气布置、安装等关系密切，对读懂图纸及后面的工程量计算十分必要。

2. 供电系统图

（1）电源进线　房间照明用电是从室外电源引入室内配电箱。室外电源导线型号为 NH-YJV（耐火交联聚乙烯绝缘聚氯乙烯护套电缆），电压等级为 0.6/1 kV，5 芯，内芯截面积为 6 mm²，穿管径为 DN40 的塑料管（PC），埋地敷设（FC）。

（2）电源配电箱　照明用电是通过该配电箱向各房间分配电能的。该房间设一个配电箱，型号为 PZ30J-12，配电箱内有一个总开关，型号为 CH1-63/3P，额定电流为 25 A，4 个分开关，额定电流为 10～16 A，分别控制 5 个回路。

（3）负荷分配　分为如下五个回路。

① 第一个线路，编号为 WL1，是照明线路，两个房间共有灯具 4 个。

② 第二个线路，编号为 WL2，是普通插座线路，两个房间共有普通插座 4 个。

③ 第三个线路,编号为 WL3,是空调插座线路,左边房间插座 1 个。

④ 第四个线路,编号为 WL4,是空调插座线路,右边房间插座 1 个。

⑤ 第五个线路,编号为 WL5,为备用线路。

3. 平面图

1)照明线路 WL1

由图 3-0-3 可知,使用型号为 BV 的电线,电压等级为 450/750 V,外穿管径为 DN20 的塑料保护管(PC)。电线走向为沿配电箱上端中心出线,先沿墙暗敷(WC)至天棚,再沿天棚暗敷(CC)至各灯具,再从天棚沿墙暗敷(WC)至开关。线路中除局部段标注为 4 根线外,其余皆为 3 根线,每根线截面积都为 2.5 mm²。

2)普通插座线路 WL2

由图 3-0-3 可知,使用型号为 BV 的电线,电压等级为 450/750V,外穿管径为 DN20 的塑料保护管(PC)。电线走向为沿配电箱上端中心出线,先沿墙向下暗敷(WC)至地面,再沿地面暗敷(FC)至轴线 3 处插座下面,再沿墙向上暗敷至插座;从此插座处出线沿墙向下暗敷至地面,再从地面斜着暗敷至轴线 B 墙的插座,以此类推。线路为 3 根线,每根线截面积都为 4 mm²。

3)空调插座线路 WL3、WL4

由图 3-0-3 可知,WL3、WL4 分别为 2 个空调线路,每个空调有一个独立的线路。线路走向一样。使用型号为 BV 的电线,电压等级为 450/750V,外穿管径为 DN20 的塑料保护管(PC)。电线走向为沿配电箱上端中心出线,先沿墙向上暗敷(WC)至天棚,再沿天棚暗敷(CC)至轴线 2,沿轴线 2 暗敷至空调插座上面,再从天棚沿墙向下暗敷至空调插座。每个线路都为 3 根线,每根线截面积都为 4 mm²。

4)照明设备及其他用电设备

从平面图上可统计出各种设备数量。

(1)灯具:双管荧光灯 4 个。

(2)插座:单项 5 孔普通插座 6 个,单项 5 孔空调插座 2 个。

(3)开关:暗装双级开关 2 个。

单元  3.3 配电箱及低压电气设备、照明器具工程量计算

【能力目标】

能根据《全国统一安装工程预算定额》第二册《电气设备安装工程》计算配电箱及低压电气设备等工程量。

【知识目标】

掌握配电箱及低压电气设备等工程量的计算规则。

一般电气照明工程需要计算的项目主要有以下四类。

（1）控制设备及低压电气设备。

（2）配管、配线。

（3）开关、插座。

（4）照明灯具。

（5）电气调整、调试。

本单元讨论配电箱及低压电气设备、开关、插座、照明灯具的工程量计算。各部分的工程量计算规则及方法如下。

任务 1 控制设备及低压电气设备等安装工程量计算

控制设备主要包括控制屏、模拟屏、低压开关柜、控制台、控制箱、成套配电箱等。

额定电压低于 1000 V 的开关、控制和保护等电气设备为低压电气设备。常见的种类有闸刀开关、负荷开关、断路器、熔断器等。

在建筑照明工程中，最常用的控制设备是照明配电箱。它是用户用电设备的供电和配电点，是控制室内电源的设施。照明配电箱一般为定型生产的标准成套配电箱，但根据照明要求的不同也可以做成非成套（标准）配电箱。非成套（标准）配电箱可以是铁制或木制，配电箱内设有保护、控制、计量配电装置。

一、控制设备及低压电气设备安装工程量计算

控制设备及低压电气设备安装工程量的计算规则如下。

控制设备及低压电气设备（包括成套配电箱），均以"台"为计算单位，计算数量。

控制设备及低压电设备安装均未包括基础槽钢、角钢的制作安装，其安装所需要的支架基础型钢另行计算。

控制设备中，成套配电箱根据安装方式的不同分为落地式和悬挂嵌入式两种，其中悬挂嵌入式以半周长分档列项。成套照明配电箱为未计价材料。其安装所需要的支架基础型钢另行计算。

（1）明装配电箱的支架制作、安装，以"kg"为计算单位，执行铁构件制作安装定额。

（2）落地式配电箱的基础槽钢或角钢制作，以"kg"为计算单位，执行铁构件制作定额；基础型钢安装，以"m"为计算单位，根据型钢布置形式，其长度计算为 $L = 2A + nB$（A、B 分别为配电箱的长和宽），执行基础型钢安装定额。

二、非成套配电箱安装工程量计算

非成套配电箱要根据施工图要求分别列项计算相应的工程量，可列以下各项目。

1. 配电箱(盘、板)制作

配电箱(盘、板)制作工程量的计算规则如下。

(1)箱体制作分为铁制和木制,铁制时以"kg"为计算单位;木制时以"套"为计算单位,以箱体半周长分档。

(2)配电盘、配电板制作,以"m²"为计算单位。

①配电箱(盘、板)安装,箱、屏安装:以"台"为计算单位,以箱体半周长分档;盘、板安装,以"块"为计算单位,以盘、板半周长分档。

②配电箱(盘、板)内电气元件安装:根据施工设计系统图计算相应的元件及数量,如电能表、各种开关、继电器、熔断器等。

③盘柜配线:盘柜配线是指盘柜内组装电气元件之间的连接线,计算工程量时,以导线的不同截面划分,以"m"为计算单位,计算长度。盘柜配线总长度计算方法如下:

$$L = (A + B) \times N$$

式中:L——盘柜配线总长度,m;

A——盘柜长,m;

B——盘柜高,m;

N——盘柜配线回路数。

盘柜、箱柜的外部进出线预留长度按表3-3-1计算。

表 3-3-1　盘柜、箱柜的外部进出线预留长度

序号	项　　目	预留长度	说　　明
1	各种配电箱(柜、板)、开关箱	箱宽+箱高	盘面尺寸
2	单独安装(无箱、盘)的铁壳开关、自动开关、刀开关、启动器、箱式电阻器、变阻器	0.5 m	从安装对象中心算起
3	继电器、控制开关、信号灯、按钮、熔断器等小电器	0.3 m	从安装对象中心算起
4	分支接头	0.2 m	分支线预留

2. 端子板安装及端子板外部接线

端子板如图3-3-1所示,端子板安装及端子板外部接线的工程量计算规则如下。

(1)端子板安装以"组"为计算单位,计算数量。端子板另行计价。端子板安装每10个头为一组。

(2)端子板外部接线,按设备盘、箱、柜、台的外部接线图计算,以"10个"为计算单位,计算数量。

定额划分为无端子、有端子两个项目,按导线截面积区分为2.5 mm²(以内)和6 mm²(以内)两种规格。

3. 焊接或压接接线端子

端子是指用来连接导线端头的金属导体,它可以使导线更好地与其他构件连接。多股线芯

导线在同电机或设备连接时一般都需要有接线端子（见图 3-3-2），以保证连接可靠。当导线截面积在10 mm² 以上时，与设备连接时需要用接线端子（俗称线鼻子），依据导线的材质分为铜接线端子和压铝接线端子两种。

铜线用铜端子，铝线用铝端子。铜芯导线采用焊接或机械压接铜接线端子，铝芯导线采用机械压接铝接线端子。

其工作内容包括削线头、套绝缘套管、焊接头、焊或压线头、包缠绝缘带。

其工程量计算规则为：以"个"为计算单位，工程量按实际焊接、压接数量计算。

图 3-3-1 端子板

图 3-3-2 接线端子

注意：（1）接线端子定额只适用于导线，不适用于电缆。导线截面积在 6 mm² 及以下的电线按照实际接线是否有接线端子分别套用无端子外部接线和有端子外部接线，10 mm² 及以上大截面线路则需要套用焊铜接线端子和压铜接线端子两个子目。接线端子本身价格已包含在定额子目中。

（2）电气照明工程接线端子计算方法如下。在每个配电箱中，与配电箱相连接的导线按不同截面分别计算接线端子数量，一根线一个端子，统计所有配电箱不同截面的进出线根数，就是端子总数。也就是说，电气照明工程中，只有和配电箱相连接的部位才计算接线端子工程量。

另外，目前的成品配电箱大多采用 C45N 一类的开关，这种开关是压不上接线端子的，所以在实际计算中，6 mm² 以下的套用无端子外部接线，10 mm² 以上的套用焊接接线端子子目即可。

（3）在电气动力工程中，电机的电源线为导线时，计算电机的检查接线时，也要考虑接线端子的工程量。采用电缆取代导线数设时，则要计算电缆终端头的制作、安装，接线端子的费用已计入电缆终端头的制作、安装定额中，不再单独列项。

三、小型配电箱安装工程量计算

小型配电箱指现场散件组装或自制配电箱安装，其定额中所安装的箱为空箱，不包括盘面上的电器和盘内配线等安装。

小型配电箱不分木制、铁制，均按其半周长套用不同定额子目，半周长是指其宽与高之和。

任务 2 照明器具安装工程量计算

照明器具包括灯具、开关、按钮、插座、安全变压器、电铃、风扇等。照明器具安装工程量,应根据照明平面图,依次分层、分品种进行计算。

一、灯具安装工程量计算

灯具安装工程量的计算规则为:灯具安装工程量应区别灯具的种类、型号、规格,均以"套"为计算单位,计算数量。

定额按灯具种类及其安装方式分为七大类,即普通灯具、装饰灯具、荧光灯具、工厂灯及防水防尘灯、医院灯具、路灯及艺术装饰灯具。

1. 普通灯具

普通灯具按定额划分为吸顶灯具和其他普通灯具两类。

吸顶灯具包括圆球吸顶灯、半圆球吸顶灯和方形吸顶灯三种类型。圆球吸顶灯和半圆球吸顶灯按灯罩直径大小区分规格,方形吸顶灯按灯罩的形状及个数区分规格。

其他普通灯具如软线吊灯、吊链灯、防水吊灯、一般弯脖灯、一般壁灯、太平门灯、一般信号灯、座灯头等以安装方式区分规格。普通灯具安装定额适用范围如表 3-3-2 所示。

表 3-3-2　普通灯具安装定额适用范围

定 额 名 称	灯 具 种 类
圆球吸顶灯	材质为玻璃的螺口、卡口圆球独立吸顶灯
半圆球吸顶灯	材质为玻璃的独立的半圆球吸顶灯、扁圆罩吸顶灯、平圆形吸顶灯
方形吸顶灯	材质为玻璃的独立的矩形罩吸顶灯、方形罩吸顶灯、大口方罩顶灯
软线吊灯	利用软线为垂吊材料,独立的,材质为玻璃、塑料、搪瓷,形状如碗伞、平盘灯罩组成的各式软线吊灯
吊链灯	利用吊链为辅助悬吊材料,独立的,材质为玻璃、塑料罩的各式吊链灯
防水吊灯	一般防水吊灯
一般弯脖灯	圆球弯脖灯、风雨壁灯
一般墙壁灯	各种材质的一般壁灯、镜前灯
软线吊灯头	一般吊灯头
声光控座灯头	一般声控、光控座灯头
座灯头	一般塑胶、瓷质应灯头

2. 装饰灯具

装饰灯具有吊式艺术装饰灯具,吸顶式艺术装饰灯具,荧光艺术装饰灯具,几何形状组合艺术灯具,标志、诱导装饰灯具,水下艺术装饰灯具,点光源艺术装饰灯具,草坪灯具,歌舞厅灯具等。

表 3-3-3　装饰灯具安装定额适用范围

定额名称	灯具种类(形式)
吊式艺术装饰灯具	不同材质、不同灯体垂吊长度、不同灯体直径的蜡烛灯、挂片灯、串珠(穗)、串棒灯、吊杆式组合灯、玻璃罩(带装饰)灯
吸顶式艺术装饰灯具	不同材质、不同灯体垂吊长度、不同灯体几何形状的串珠(穗)、串棒灯、挂片、挂碗、挂吊蝶灯、玻璃(带装饰)灯
荧光艺术装饰灯具	不同安装形式、不同灯管数量的组合荧光灯光带,不同几何组合形式的内藏组合式灯,不同几何尺寸、不同灯具形式的发光棚,不同形式的立体广告灯箱、荧光灯光沿
几何形状组合艺术灯具	不同固定形式、不同灯具形式的繁星灯、钻石星灯、礼花灯、玻璃罩钢架组合灯、凸片灯、反射挂灯、筒形钢架灯、U 形组合灯、弧形管组合灯
标志、诱导装饰灯具	不同安装形式的标志灯、诱导灯
水下艺术装饰灯具	简易形彩灯、密封形彩灯、喷水池灯、幻光型灯
点光源艺术装饰灯具	不同安装形式、不同灯体直径的筒灯、牛眼灯、射灯、轨道射灯
草坪灯具	各种立柱式、墙壁式的草坪灯
歌舞厅灯具	各种安装形式的变色转盘灯、雷达射灯、幻影转彩灯、维纳斯旋转彩灯、卫星旋转效果灯、飞碟旋转效果灯、多头转灯、滚筒灯、频闪灯、太阳灯、雨灯、边界灯、射灯、泡泡发生器、迷你满天星彩灯、迷你单立(盘彩灯)、多头宇宙灯、镜阳球灯、蛇光管

3. 荧光灯具

荧光灯具分为组装型荧光灯和成套型荧光灯两大类。

凡采购来的灯具是分件安装需要在现场组装的灯具称为组装型。不需要在现场组装的灯具称为成套型。

(1)组装型荧光灯安装　分为链吊式、管吊式、吸顶式、嵌入式四种,按灯管数量不同又分为单管、双管、三管。

(2)成套型荧光灯安装　分为链吊式、管吊式、吸顶式三种,按灯管数量不同又分为单管、双管、三管。

4. 工厂灯及防水防尘灯

工厂灯及防水防尘灯包括的灯具类型大致可分为如下两类。

(1)工厂灯及防水防尘灯,包括直杆工厂吊灯、吊链式工厂灯、吸顶式工厂灯、弯杆式工厂灯、悬挂式工厂灯、防水防尘灯。

(2) 工厂其他灯具,包括防潮灯、腰形舱顶灯、碘钨灯、管形氙气灯、投光灯、高压水银灯镇流器、安全灯、防爆灯、高压水银防爆灯、防爆荧光灯等。

工厂灯及防水防尘灯安装定额适用范围如表3-3-4所示。

表 3-3-4　工厂灯及防水防尘灯安装定额适用范围

定额名称	灯具种类
直杆工厂吊灯	配罩(GC$_1$-A)、广照(GC$_3$-A)、深照(GC$_5$-A)、斜照(GC$_7$-A)、圆球(GC$_{17}$-A)、双罩(GC$_{19}$-A)
吊链式工厂灯	配罩(GC$_1$-B)、深照(GC$_3$-B)、斜照(GC$_5$-C)、圆球(GC$_7$-B)、双罩(GC$_{19}$-A)、广照(GC$_{19}$-B)
吸顶式工厂灯	配罩(GC$_1$-C)、广照(GC$_3$-C)、深照(GC$_5$-C)、斜照(GC$_7$-C)、双罩(GC$_{19}$-C)
弯杆式工厂灯	配罩(GC$_1$-D/E)、广照(GC$_3$-D/E)、深照(GC$_5$-D/E)、斜照(GC$_7$-D/E)、双罩(GC$_{19}$-C)、局部深照(GC$_{26}$-F/H)
悬挂式工厂灯	配罩(GC$_{21}$-2)、深照(GC$_{23}$-2)
防水防尘灯	广照(GC$_9$-A,B,C)、广照(GC$_{11}$-A,B,C)、散照(GC$_{15}$-A,B,C,D,E,F,G)

5. 医院灯具

医院灯具分为病房指示灯、病房暗脚灯、无影灯等,医院灯具安装定额适用范围如表3-3-5所示。

表 3-3-5　医院灯具安装定额适用范围

定额名称	灯具种类
病房指示灯	病房指示灯
病房暗脚灯	病房附脚灯
无影灯	3~12孔管式无影灯

6. 路灯

路灯分为大马路弯灯、庭院路灯两类,路灯安装定额适用范围如表3-3-6所示。

支架制作及导线架设不包括在定额内,需另列项计算。

表 3-3-6　路灯安装定额适用范围

定额名称	灯具种类
大马路弯灯	臂长 1 200 mm 以下、臂长 1 200 mm 以上
庭院路灯	三火以下、七火以下

7. 艺术装饰灯具

艺术装饰灯具的安装分为吊式艺术装饰灯具、吸顶式艺术装饰灯具、荧光艺术装饰灯具、几何形状组合艺术装饰灯具、标志、诱导装饰灯具、水下艺术装饰灯具、点光源艺术装饰灯具、草坪灯具、歌舞厅灯具九类。应根据装饰灯示意图所示,区别不同灯具的类别和形状,按灯具直径、垂吊长度、方形或圆形等技术特征分项,执行相应定额子目。

二、开关、按钮、插座安装工程量计算

开关、按钮、插座安装工程量的计算规则如下。

（1）开关、按钮安装的工程量,应区别开关、按钮安装形式、种类,开关极数以及单控、双控,均以"套"为计算单位,计算数量。

插座安装的工程量,应区别电源相数、额定电流、插座安装形式、插座插孔个数,以"套"为计算单位,计算数量。

（2）开关及按钮安装包括拉线开关、扳把开关明装、暗装,一般按钮明装、暗装和密闭开关安装。扳把开关暗装区分为单联、双联、三联、四联,分别计算。瓷质防水拉线开关安装与胶木拉线开关安装套用一个项目,开关本身价格应分别计算。

插座包括普通插座和防爆插座两类。普通插座分明装和暗装两项,每项又分单相、单相三孔、三相四孔,均以插座电流的 15 A 以下、30 A 以下区分规格套用单价。插座盒安装应执行开关盒安装定额项目。

三、安全变压器、电铃、风扇安装工程量计算

安全变压器、电铃、风扇安装工程量的计算规则如下。

（1）安全变压器安装以容量（V·A）区分规格,以"台"为计算单位,计算数量。但不包括支架制作,支架制作应另行计算。

（2）电铃安装应区分电铃直径、电铃号码牌箱应区分规格（号）,以"套"为计算单位,计算数量。电铃安装分为两大项目六个子项,一大项目是按电铃直径分为三个子项,另一大项目按电铃箱号牌数分为三个子项。电铃的价格另计。

（3）风扇安装分为吊扇、壁扇和排气扇,应区分以风扇种类,以"台"为计算单位,计算数量。定额已包括吊扇调速开关安装。风扇的价格另计。

四、送配电装置系统调试

送配电装置系统调试工程量的计算规则如下。

电气调试系统的划分以电气原理系统图为依据。送配电装置系统调试适用于各种供电回路（包括照明供电回路）的系统调试。送配电装置系统调试以"系统"为计算单位。

按一个系统一侧配一台断路器考虑,若两侧皆有断路器时,则按两个系统计算。

凡供电回路中有需要进行调试的元件可划分为一个系统。需作调试的元件是指仪表（PA、PV、Pl 等）、继电器（KA、KV、KH、KM、KS、KT 等）和电磁开关（KM、QF 等）。1 kV 以下的总送配电装置,如电源屏至分配电箱的供电回路,有几个分回路,就算几个"系统"调试,其中三相四线只算一个回路。

注意:(1) 低压回路中的电度表、保险器、闸刀开关等不作设备调试。如果分配电箱内只有刀开关、熔断器等不含调试元件的供电回路,则不作为调试系统计算。

(2) 一个单位工程最少要计算一个"送配电系统调试"。例如,某栋住宅楼照明,若各分配电箱只装有闸刀开关或保险装置,则分配电箱不作为独立的"供电系统",而只计算该住宅楼总配电箱为一个"供电系统"的调试;如分配电箱装有仪表、继电器、电磁开关等装置,则分配箱亦作为独立的"供电系统"计算调试费。

五、实践环节 计算项目 3 中照明设备及其他用电设备工程量

项目 3 中照明设备及其他用电设备工程量计算过程如表 3-3-7 所示。

表 3-3-7 工程量计算书

序号	工 程 名 称	单位	数量	计 算 公 式
一	照明设备及其他用电设备			
1	照明配电箱	台	1	
2	双管荧光灯	个	4	
3	单项 5 孔普通插座	个	6	
4	单项 5 孔空调插座	个	2	
5	暗装双级开关	个	2	
6	开关盒、插座盒	个	10	2+8
7	灯头盒	个	4	4
二	端子外部接线			
	无端子外部接线 2.5 mm²	个	2	2 个(WL1 和备用 2 个回路)
	无端子外部接线＜6 mm²	个	4	4 mm²:3 个(WL2、WL3 和 WL4 回路)
				6 mm²:1 个(电源引入)
三	低压送配电系统调试	系统	1	

单元 3.4 配管、配线等工程量计算

【能力目标】

能根据《全国统一安装工程预算定额》第二册《电气设备安装工程》计算配管、配线等工程量。

【知识目标】

掌握配管、配线等工程量的计算规则。

此部分计算为电气照明工程工程量计算的重点内容。

配管、配线是指由配电箱到用电器具的供电、控制线路的安装。照明系统中管线的敷设线路走向一般沿楼板水平配管，连接开关时从棚顶向下敷设，连接插座时根据插座的安装高度及用途分沿地面向上敷设和从棚顶向下敷设两种情况。

任务 1 配管工程量计算

一、配管工程简介

配管工程按敷设方式分为沿砖、混凝土结构明配，沿砖、混凝土结构暗配，钢结构支架配管，钢索配管。

（1）沿砖、混凝土结构明配　一般用于民用和工业建筑物内，架设照明导线从电源引至照明配电箱，或从配电箱到照明灯具、开关或插座。明配管的工程量计算应区分不同材质，按管径大小分规格，以"m"为计算单位。用于明配管的管材常用的有电线管、钢管、硬质塑料管等。

（2）沿砖、混凝土结构暗配　暗配管是将保护管同土建一起预先敷设在墙壁、楼板或天棚内。暗配管的工程量计算应区分不同材质，由管径大小分规格，以"m"为计算单位。用于暗配管的管材常用的有电线管、钢管、硬质塑料管。

（3）钢结构支架配管　将管子固定在支架上，称为钢结构支架配管，其管材常用的有电线管、钢管、硬质塑料管。

（4）钢索配管　先将钢索架设好，然后将管子固定在钢索上，称为钢索配管，其管材常用的有电线管、钢管、塑料管。

配管管材有电线管、钢管、防爆钢管、硬质塑料管、金属软管等。金属软管一般敷设在较小型电动机的接线盒与钢管管口的连接处，用来保护导线和电缆不受机械损伤，工程量计算应由管径大小分规格，以"m"为计算单位。

二、配管工程量的计算规则及计算方法

1. 工程量计算规则

各种配管应区别不同敷设方式、敷设位置、管材材质、规格，以"延长米"为计量单位，不扣除中间的接线箱（盒）、灯头盒、开关盒、插座盒所占长度。配管工程均未包括接线箱、接线盒及支架的制作安装。

2. 计算方法

首先要确定工程管材种类，明确每种管材的敷设方式并分别列出。计算顺序可以按管线的

走向,从进户管开始计算,再选择照明干管,然后再计算支管。合计时分层、分单元或分段逐级统计,以防止漏算或重算。

配管工程量＝各段的平面长度＋各部分的垂直长度＋各部分的预留长度

(1) 平面长度计算:用比例尺量取各段的平面长度,量时以两个符号中心为一段或以符号中心至线路转角的顶端为一段逐段量取。

(2) 垂直长度计算:统计各部分的垂直长度,可以根据施工设计说明中给出的设备和照明器具的安装高度来计算,如图 3-2-3 所示。配管工程均未包括接线箱及各种盒、支架的制作安装。这些工程量需另计。

① 配电箱的工程量计算如下。

上返至顶棚垂直长度＝楼层高－(配电箱底距地高度＋配电箱高＋1/2 楼板厚)

下返至地面垂直长度＝配电箱底距地高度＋1/2 楼板厚

② 开关、插座的工程量计算如下。

插座从上返下来时   垂直长度＝楼层高－(开关、插座安装高度＋1/2 楼板厚)

插座从下返上来时   垂直长度＝安装高度(距地高度)＋1/2 楼板厚

③ 线路中的接线盒的工程量计算如下。

接线盒安装在墙上,一般高度为顶棚下 0.2 m 处,每处需要计算进、出接线盒的次数,因考虑楼板的厚度,则

每一处的垂直长度＝(0.2 m＋1/2 楼板的厚度)×(n－1)

其中,n 代表进、出接线盒的次数,1 是其中一路已计算入电气器具的垂直长度。

注:1/2 楼板厚在实际工作中一般不考虑。

三、实践环节　项目 3 配管工程量计算

1. 画出各线路配管垂直方向线路走向示意图

(1) WL1 线路垂直方向线路走向示意图(见图 3-4-1)。

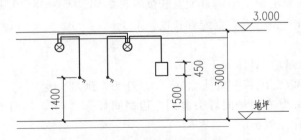

图 3-4-1　WL1 线路垂直方向线路走向

(2) WL2 线路垂直方向线路走向示意图(见图 3-4-2)。

(3) WL3、WL4 线路垂直方向线路走向示意图(两线路相同)(见图 3-4-3)。

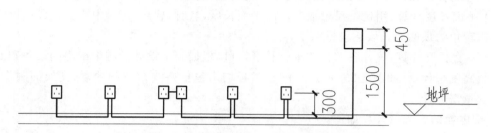

图 3-4-2　WL2 线路垂直方向线路走向

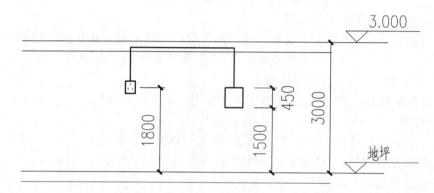

图 3-4-3　WL3、WL4 线路垂直方向线路走向

2. 各线路配管工程量计算过程

1）WL1 线路　配管 PC20（敷设方式为 WC、CC）

（1）垂直方向。

　　内走 3 根线时,配电箱上返垂直配管长度：$(3.0-1.5-0.45-0.1)$ m$=0.95$ m

　　内走 4 根线时,开关上返垂直配管长度：$(3.0-1.4-0.1)\times2$ m$=3.0$ m

（2）水平方向。

水平方向用比例尺量取,具体如下。

内走 3 根线时:2.29(配电箱到灯头盒)+2.2(灯头盒到灯头盒)

　　　　　　　　+3.6(右边房间灯头盒到左边房间灯头盒)+2.2(灯头盒到灯头盒)

　　　　　　　　$=10.29$(m)

内走 4 根线时:2.4(右边房间灯头盒到开关)+1.9(左边房间灯头盒到开关)

　　　　　　　　$=4.3$(m)

总长度为　　　　　　　　$(0.95+3.0+10.29+4.3)$ m$=18.54$ m

2）WL2 线路　配管 PC20（敷设方式为 WC、FC）

（1）垂直方向。

配电箱下返垂直配管长度：　　　　$(1.5+0.1)$ m$=1.6$ m

普通插座下返垂直配管长度： $(0.3+0.1) \times 9 \text{ m}=3.6 \text{ m}$

（2）水平方向。

用比例尺量取：2.2（配电箱至 3 轴插座）+3.3（3 轴插座至 B 轴右边插座）

$\qquad$ +3.6（B 轴右边插座至左边插座）+3.3（B 轴右边插座至 1 轴插座）

$\qquad$ =12.4（m）

总长度： $(1.6+3.6+12.4) \text{ m}=17.6 \text{ m}$

3）WL3 线路 配管 PC20（敷设方式为 WC、CC）

（1）垂直方向。

配电箱上返垂直配管长度： $(3.0-1.5-0.45-0.1) \text{ m}=0.95 \text{ m}$

空调插座上返垂直配管长度： $(3.0-1.8-0.1) \text{ m}=1.1 \text{ m}$

（2）水平方向。

用比例尺量取：3.5（配电箱至 2 轴中心线交叉点）+3.9（交叉点至空调插座）=7.4 m

总长度： $(0.95+1.1+7.4) \text{ m}=9.45 \text{ m}$

4）WL4 线路 配管 PC20（敷设方式为 WC、CC）同 WL3

WL4 线路，配管 PC20，总长度为 9.45 m。

任务 2 配线工程量计算

常用的配线方式主要有管内穿线、线夹配线、槽板配线、塑料护套线敷设、绝缘子配线、槽板配线等几种。

一、管内穿线工程量计算

对于穿在管内的导线，在任何情况下，都不允许有接头。必要时应将接头放在接线盒内或灯头盒内。

无论管线是明配还是暗配，保护管敷设好后，要进行管内穿线，穿线必须遵循布置原则。熟悉穿线布置原则，正确理解施工图中穿线根数的变化，是准确进行穿线工程量计算的前提条件。

1. 穿线布置原则

（1）相线（火线） 从配电箱先接到同一回路的各开关，根据控制要求再从开关接到被控制的灯具。

（2）零线（N 线） 从配电箱接到同一回路的各灯具。

（3）保护线（PE 线） 从配电箱接到同一回路的各灯具的金属外壳。一般照明回路不设此线。

2. 工程量计算规则

管内穿线的工程量,应区别线路性质、导线材质、导线截面,以"m"为计量单位,计算单线延长米的长度。线路分支接头线的长度已综合考虑在定额中,不得另行计算。

3. 管内穿线工程量的计算方法

管内穿线工程量同配管工程量一起计算,注意每段管内所穿的导线根数。

管内穿线工程量=(该段配管工程量+导线预留长度)×导线的根数

4. 导线预留长度的相应规定

(1)灯具、开关、插座、按钮、接线盒等处导线预留长度已经分别综合在有关的定额内,不再另计预留。

(2)照明和动力线路穿线定额中已综合考虑了接线头的长度,不再另计预留。

(3)导线进入配电箱、配电板和设备及单独安装的铁壳开关、闸刀开关、启动器、线槽进出线盒时应计算相应预留长度,导线预留长度按表 3-4-1 取用。

表 3-4-1　连接设备导线的预留长度

序号	项　　　目	预留长度	说　　　明
1	各种配电箱(柜、板)、开关箱	箱宽+箱高	盘面尺寸
2	单独安装(无箱、盘)的铁壳开关、闸刀开关、启动器、母线槽进出线盒等	0.3 m	从安装对象中心算起
3	由地面管出口引至动力接线箱(设备)	1.0 m	从管口算起
4	电源与管内导线连接(管内穿线与软、硬母线连接)	1.5 m	从管口算起
5	进户、出户线	1.5 m	从管口算起

二、其他配线方式工程量的计算

其他常用的配线方式主要有线夹配线、槽板配线、塑料护套线敷设、绝缘子配线、槽板配线等几种。

(1)工程量计算规则:以施工图示"延长米"计算单线长度,工程量以"m"为计量单位。

(2)配线工程量的统计方法与管内穿线工程量的计算方法相同。

配线单线长度=(该段支持体工程量+导线预留长度)×导线根数

① 线夹配线:应区别线夹材质(塑料、瓷质)、线式(两线、三线)、敷设位置(在木结构、砖、混凝土)以及导线规格,以线路"延长米"计算单线长度。

② 绝缘子配线:应区别绝缘子形式(针式、鼓式、蝶式)、绝缘子配线位置(沿屋架、梁、跨屋架、柱、木结构、顶棚内、砖、混凝土结构,沿钢支架及钢索)、导线截面积,以线路"延长米"计算单

线长度。

绝缘子暗配,引下线按线路支持点至天棚下缘距离的长度计算。

③ 槽板配线:应区别槽板材质(木质、塑料)、配线位置(木结构、砖、混凝土)、导线截面、线式(二线、三线),以线路"延长米"计算单线长度。

④ 塑料护套线敷设:塑料护套线明敷,应区别导线截面、导线芯数(二芯、三芯)、敷设位置(木结构、砖、混凝土结构、沿钢索),以线路"延长米"计算单线长度。

⑤ 线槽配线:应区别导线截面以线路"延长米"计算单线长度。

三、实践环节 项目3 配管、配线工程量计算

各线路配线工程量计算过程如下。

1)WL1 线路

配管长度:PC20(前面已计算出结果)。

内走 3 根线时,配管长度: $(10.29+0.95)m=11.24\ m$

内走 4 根线时,配管长度: $(4.3+3.0)m=7.30\ m$

配线长度(BV-$3\times2.5\ mm^2$)。

内走 3 根线时,配线长度: $(11.24+(0.45+0.45)(配电箱处预留线))\times3\ m=36.42\ m$

内走 4 根线时,配线长度: $7.3\times4(根)=29.2\ m$

注意:此处未计算预留线长度,因为灯具、开关、插座、按钮、接线盒等处导线预留长度已经分别综合在有关的定额内,不再另计预留。

配线总长度: $(36.42+29.2)m=65.62\ m$

2)WL2 线路

配管长度 PC20:17.6 m

配线长度(BV-$3\times4\ mm^2$)。

内走 3 根线时,配线长度:$(17.6+(0.45+0.45)(配电箱处预留线))\times3(根)=55.5\ m$

3)WL3 线路 配管 PC20(敷设方式为 WC、CC)

配管长度 PC20:9.45 m

配线长度(BV-$3\times4\ mm^2$)。

内走 3 根线时,配线长度:$(9.45+(0.45+0.45)(配电箱处预留线))\times3(根)=31.05\ m$

4)WL4 线路 配管 PC20(敷设方式为 WC、CC)同 WL3

配管长度 PC20:9.45 m

配线长度:BV-$3\times4\ mm^2$

内走 3 根线时,配线长度:$(9.45+(0.45+0.45)(配电箱处预留线))\times3(根)=31.05\ m$

项目3完整工程量计算过程见表3-4-2。

表 3-4-2　工程量计算书

序号	工程名称	单位	数量	计算公式
一	照明设备及其他用电设备			
1	照明配电箱	台	1	
2	双管荧光灯	个	4	
3	单项5孔普通插座	个	6	
4	单项5孔空调插座	个	2	
5	暗装双级开关	个	2	
6	开关盒、插座盒	个	10	2+8
7	灯头盒	个	4	4
二	端子外部接线			
	无端子外部接线 2.5 mm^2	个	2	2个(WL1和备用2个回路)
	无端子外部接线＜6 mm^2	个	4	4 mm^2:3个(WL2、WL3和WL4回路) 6 mm^2:1个(电源引入)
三	低压送配电系统调试	系统	1	
四	照明系统配管配线			
1	WL2回路			
	配管　PC20	m	18.54	
	(内走3根线)水平	m	10.29	2.29(配电箱到灯头盒)+2.2(灯头盒到灯头盒) +3.6(右边房间灯头盒到左边房间灯头盒)+2.2(灯头盒到灯头盒)
	(内走4根线)水平	m	4.3	2.4(右边房间灯头盒到开关)+1.9(左边房间灯头盒到开关)
	(内走3根线)垂直	m	0.95	3.0−1.5−0.45−0.1(出配电箱到天棚中心线)
	(内走4根线)垂直	m	3	(3.0−1.4−0.1)×2(开关到天棚中心线)
	配线　BV-3×2.5 mm^2	m	36.42	(10.29+0.95+(0.45+0.45)(配电箱处预留线))×3(根)
	配线　BV-3×2.5 mm^2	m	29.20	(4.3+3.0)×4(根)
2	WL2回路			
	配管　PC20	m	17.60	
	水平(用尺量取)	m	12.40	2.2(配电箱至3轴插座)+3.3(3轴插座至B轴右边插座) +3.6(B轴右边插座至左边插座)+3.3(B轴右边插座至1轴插座)
	垂直	m	5.20	(1.5+0.1)(出配电箱到地面中心线)+(0.3+0.1)(插座到楼板中心线)×9

续表

序号	工程 名 称	单位	数量	计 算 公 式
	配线　BV-3×4 mm²	m	55.50	(17.6＋(0.45＋0.45)(配电箱处预留线))×3
3	WL3回路			
	配管　PC20	m	9.45	
	水平(用尺量取)	m	7.40	3.5(配电箱至2轴中心线交叉点)＋3.9(交叉点至空调插座)
	垂直	m	2.05	(3.0－1.5－0.45－0.1)(出配电箱到天棚中心线) ＋(3.0－1.8－0.1)(插座到天棚中心线)
	配线　BV-3×4 mm²	m	31.05	(9.45＋(0.45＋0.45)(配电箱处预留线))×3
4	WL4回路			
	配管　PC20	m	9.45	
	水平(用尺量取)	m	7.40	3.5(配电箱至2轴中心线交叉点)＋3.9(交叉点至空调插座)
	垂直	m	2.05	(3.0－1.5－0.45－0.1)(出配电箱到天棚中心线) ＋(3.0－1.8－0.1)(插座到天棚中心线)
	配线　BV-3×4 mm²	m	31.05	(9.45＋(0.45＋0.45)(配电箱处预留线))×3 (插座、开关、灯头等处预留线不计入工程量中)
	汇总			
	配管　PC20	m	55.04	18.54＋17.6＋9.45＋9.45
	配线　BV-3×2.5 mm²	m	65.62	36.42＋29.20
	配线　BV-3×4 mm²	m	120.6	55.50＋31.05＋31.05

单元 3.5 定额套用及造价的确定

【能力目标】

能够根据《江苏省安装工程计价定额》(2014版)套相应定额,并计算分部分项工程费。

【知识目标】

掌握《江苏省安装工程计价定额》(2014版)第四册的相关内容。

任务 1 配电控制设备及相关设备安装定额套用

一、成套配电箱安装

成套配电箱根据安装方式的不同分为落地式和悬挂嵌入式两种,其中悬挂嵌入式以半周长分档列项,根据其半周长套用相应的成套配电箱定额。

中华人民共和国住房和城乡建设部发布了国家标准《建设工程计价设备材料划分标准》(GB/T 50531—2009)。该标准明确规定:设备材料划分是建设工程计价的基础,在编制工程造价有关文件时,应依据本标准的规定,对属于设备范畴的相关费用应列入设备购置费,对属于材料范畴的相关费用应按专业分类分别列入建筑工程费或安装工程费。

根据此划分标准,成套照明配电箱为未计价材料,而成套动力配电箱属于工程设备,成套照明配电箱安装所需要的支架基础型钢需要另行计算。

(1)明装配电箱的支架制作、安装,以"kg"为计算单位,执行铁构件制作安装定额。

(2)落地式配电箱的基础槽钢或角钢制作,以"kg"为计算单位,执行铁构件制作定额。

上述的铁构件制作安装定额,适用于电气设备安装工程的各种支架的制作安装。铁构件分一般铁构件和轻型铁构件两种,主结构厚度在 3 mm 以内的执行轻型铁构件子目,主结构厚度在 3 mm 以上的执行一般铁构件子目。

二、端子板外部接线

端子板外部接线是指外部配电线路或控制线路与控制设备在接线端子板上的连接,不包括控制设备或配电箱内各种电器元件之间连接线在端子板的连接。

三、低压电气设备安装

额定电压低于 1000 V 的开关、控制和保护等电气设备为低压电气设备。

(1)闸刀开关:一般用于电压为 500 V 以下的配电系统中。它有双极和三极两种,常用的胶盖闸刀开关有 HK1 和 HK2 两种系列,例如 HK1-30/2 型号表示 HK1 型胶盖闸刀开关,极数是 2,电流是 30 A。

(2)负荷开关:又称铁壳开关,用途与胶盖闸刀开关相同,有 HH3 和 HH4 两种系列,例如 HH3-100/3 型号表示 HH3 型铁壳开关,极数是 3,电流是 100 A。

（3）断路器：俗称空气断路器、自动空气开关，它在电路过负荷、短路、电压下降或消失时自动切断电路，如常用的有 DZ1-50/2-10 型号表示 DZ1 型装置式断路器，额定电流是 50 A，极数是 2，10 为热脱扣方式；DW10-200/2 型号表示 DW10 型万能式断路器，额定电流是 200 A，极数是 2。

（4）熔断器：用于保护线路和设备，常用的有瓷插式和螺旋式两种。

任务 2　配管、配线定额套用

一、配管定额套用

各种配管应区别不同敷设方式、敷设位置、管材材质、规格分别套用定额。

定额中未包括钢索架设及拉紧装置、接线箱（盒）、支架的制作安装，其工程量应另行计算。

二、配线定额套用

（1）常用的配线方式主要有线夹配线、槽板配线、塑料护套线敷设、绝缘子配线、槽板配线、管内穿线等几种。

① 线夹配线：应区别线夹材质（塑料、瓷质）、线式（两线、三线）、敷设位置（在木、砖、混凝土）以及导线规格，分别套用定额。

② 绝缘子配线：应区别绝缘子形式（针式、鼓式、蝶式）、绝缘子配线位置（沿屋架、梁、跨屋架、柱、木结构、顶棚内、砖、混凝土结构，沿钢支架及钢索）、导线截面积，分别套用定额。

绝缘子暗配，引下线按线路支持点至天棚下缘距离的长度计算。

③ 槽板配线：应区别槽板材质（木质、塑料）、配线位置（木结构、砖、混凝土）、导线截面、线式（二线、三线），分别套用定额。

④ 塑料护套线敷设：塑料护套线明敷，应区别导线截面、导线芯数（二芯、三芯）、敷设位置（木结构、砖、混凝土结构及铅钢索），分别套用定额。

⑤ 线槽配线：应区别导线截面，分别套用定额。

⑥ 管内穿线：应区别线路性质、导线材质、导线截面，分别套用定额。

管内穿线分照明和动力线路两大类。照明线路中的导线截面大于或等于 6 mm² 时，应执行动力线路穿线相应项目。

（2）灯具、明暗开关、插座、按钮等的预留线，已分别综合在相应定额内，不得另行计算。

例如，定额子目 4-1356，照明线路管内穿线，铝芯，导线截面 2.5 mm²，定额计量单位为 100 m 单线，其未计价主材的定额含量为 116.00，该系数之所以这么高，其中一个原因就是已考虑了预留线的因素,另外一个原因是考虑安装损耗系数。

三、照明器具安装定额套用

(1)各种灯具的引导线,除注明者外,均已综合考虑在定额内,执行时不得换算。

(2)路灯、投光灯、碘钨灯、氙气灯、烟囱或水塔指示灯,均已考虑了一般工程的高空作业因素,其他灯具的安装高度超过5 m时,则应按册说明中规定的超高系数另行计算。

(3)定额中装饰灯具项目均已考虑了一般工程的超高作业因素,并包括了脚手架搭拆费。

(4)灯具安装定额包括灯具和灯泡(管)的安装,灯具和灯泡(管)为未计价材料。它们的价值应另行计算,一般情况下灯具的预算价未包括灯泡(管)的价值。

四、送配电装置系统调试

(1)送配电装置系统调试中的1 kV以下定额适用于所有低压供电回路,如从低压配电装置至分配电箱的供电回路;但从配电箱直接至电动机的供电回路已经包括在电动机的系统调试定额中。送配电装置系统调试包括系统中的电缆试验、瓷瓶耐压试验等全套调试工作。

(2)一般的住宅、学校、办公楼、旅馆、商店等民用电气工程的供电应按下列规定。

① 配电室内带有调试元件的盘、箱、柜和带有调试元件的照明主配电箱,应按供电方式执行相应的"供配电设备系统调试"定额。

② 每个用户房间的配电箱(板)上虽装有电磁开关等调试元件,但如果生产厂家已按固定的常规参数调整好,不需要安装单位进行调试就可以直接投入使用的,不得再计取调试费用。

③ 民用电度表的调整校验属于供电部门的专业管理,一般由供电局向用户提供调试妥当的电度表,不得另行计算调试费用。

五、实践环节 项目3——宿舍电气照明工程定额套用

项目3分部分项费用计算见表3-5-1。

表3-5-1 分部分项费用计算表

定额编号	定额名称	定额单位	主材定额含量	数量	综合单价		合价		主材单价	主材合价
					综合单价	其中人工费	合价	其中人工费		
4-268	照明配电箱	台		1.00						
	主材		1	1.00					850.00	850.00
4-373	单项5孔普通插座暗装	10套		0.60	110.51	62.16	66.31	37.30		
	主材	个	10.2	6.12					25.00	153.00
4-373	单项5孔空调插座暗装	10套		0.20	110.51	62.16	22.10	12.43		

定额编号	定额名称	定额单位	主材定额含量	数量	综合单价 综合单价	综合单价 其中人工费	合价 合价	合价 其中人工费	主材单价	主材合价
	主材	个	10.2	2.04					32.50	66.30
4-340	暗装双联单控开关	10套		2.00	83.49	50.32	166.98	100.64		
	主材	个	10.2	20.40					28.60	583.44
4-1549	开关盒,插座盒,灯头盒暗装	10个		1.40	44.86	27.38	62.80	38.33		
	主材	个	10.2	14.28					4.80	68.54
4-1230	塑料管暗配 PC20	100 m		0.55	590.98	317.46	325.04	174.60		
	主材		106.42	58.53					5.80	339.48
4-1359	管内穿线 BV-3×2.5 mm²	100 m		0.66	105.07	56.98	69.35	37.61		
	主材		116	76.56					6.40	489.98
4-1360	管内穿线 BV-3×4 mm²	100 m		1.23	79.10	39.96	97.29	49.15		
	主材		110	135.30					9.30	1258.29
4-1798	成套吸顶式双管荧光灯安装	10套		0.40	254.22	154.66	101.69	61.86		
	主材		10.10	4.04					86.00	347.44
4-412	无端子外部接线 2.5 mm²	10个		0.20	36.09	12.58	7.22	2.52		
4-413	无端子外部接线 6 mm²	10个		0.40	42.88	17.02	17.15	6.81		
4-1821	低压送配电系统调试	系统		1.00	628.47	369.60	628.47	369.60		
	小计						1564.40	890.85		4156.47
	单项措施项目									
4册说明	脚手架搭拆(按人工费的4%计算,其中人工占25%)						35.63	8.91		
	合计						1600.03	899.76		4156.47

编制说明:略。

封面: 略。

下面是一套完整的"办公楼配电、照明工程"图纸。根据前面所学习的知识,编制该安装工程的施工图预算见图 3-6-1 至图 3-6-13。

强电说明

一、工程概况

本建筑层数:地上三层,总建筑面积:1437.4 m²。

采用放射式配电,380/220 V 供电电源引自主厂房配电室,电源电缆采用直埋方式引入本建筑配电箱,电缆埋深距室外地面 0.7 m,穿墙采用 SC 焊接钢管保护,保护管伸出散水坡 0.3 m,应急照明由灯具内的蓄电池提供备用电源。

二、线路敷设

(1) 吊顶内的配电线沿电缆桥架敷设,桥架至电气设备的支线均穿钢管暗敷。

(2) 消防线路:如果明敷,需穿钢管或防火电缆桥架保护,钢管上需涂防火涂料;如果暗敷,则应敷设在不燃烧结构内,并且保护层厚度不应小于 30 mm。

(3) 照明线路:均穿管暗敷每根管内导线根数不应超过 8 根,插座回路与照明回路需分管敷设。所有导线之间的连接头均应在配电箱或接线盒内做接头处理。

(4) 桥架需设盖板,盖板距顶棚或其他障碍物不应小于 0.3 m。沿桥架敷设的线路,应在首端、尾端、转弯及每隔 50 m 处,设编号、型号及起、止点等标记。

(5) 所有穿越墙及楼板的电气线路孔洞待管线敷设完毕后,需将孔洞、缝隙用防火材料封堵,其等级相当于原构件的防火等级。电缆自室外引进室内时,应预埋防水套管,做好防水处理。电缆线经过伸缩缝时应按照规范采取相应措施。

三、设备安装

动力配电箱需固定在高 100 mm 的槽钢底座上,其余配电箱、开关、插座等均嵌装,其安装高度见材料表。开关距门边 0.15 m。

四、接地

电源引入处 PEN 线需重复接地。Ⅰ类灯具及高度在 2.4 m 以下的灯具,需专设一根保护线;所有电力装置的外露不带电可导电部分,均需与 N 线绝缘,与 PE 线可靠电气连通。

所有桥架、支架等必须用铜编织带或扁钢连接成电气通路并在两端与接地装置可靠焊接。建筑物内应作总等电位联结,其接地装置与防雷接地装置共用,接地电阻<1 Ω,详见防雷、接地设计图。

图 3-6-1 图纸说明

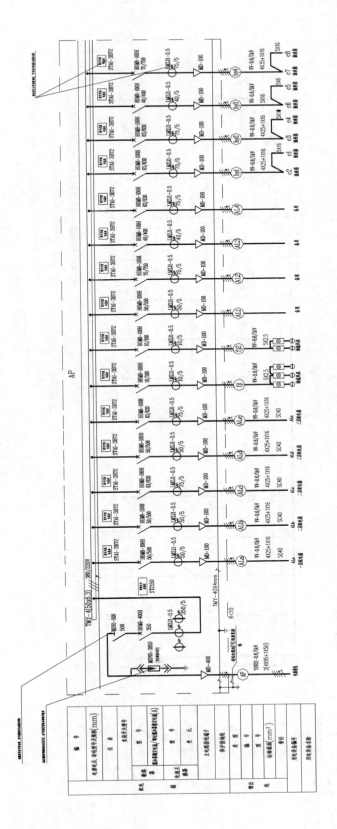

图3-6-2　380V配电系统图

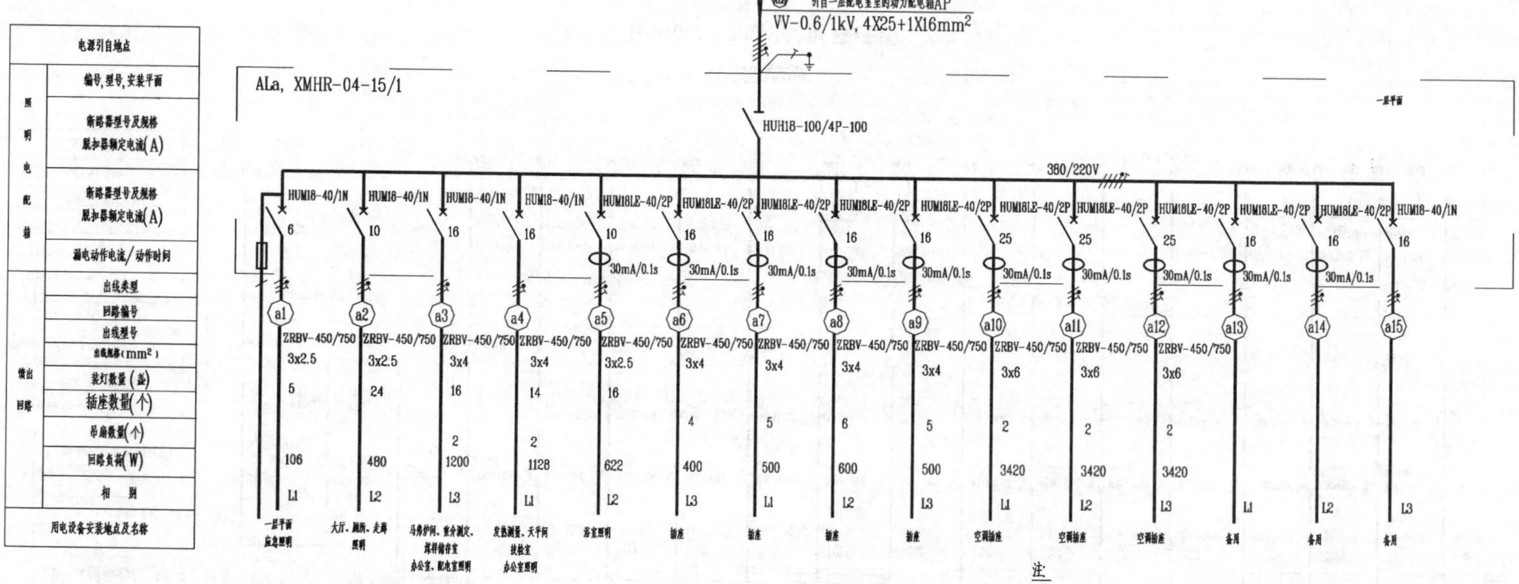

ALa照明系统图

注

(1) 配电系统的接地型式为TN-S系统,电源引入处PE线需重复接地。

(2) 配电元件除系统图注明外均为3极,断路器采用复式脱扣器。

(3) 配电箱内应带有与箱体绝缘的N母排及与金属箱体可靠电气连通的PE母排。

图3-6-3　ALa照明系统图

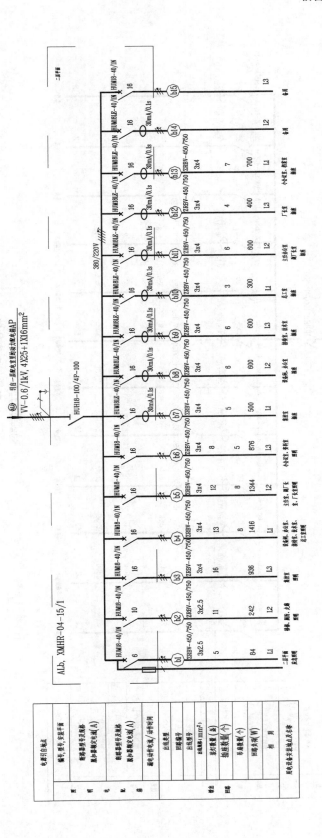

图3-6-4 ALb照明系统图

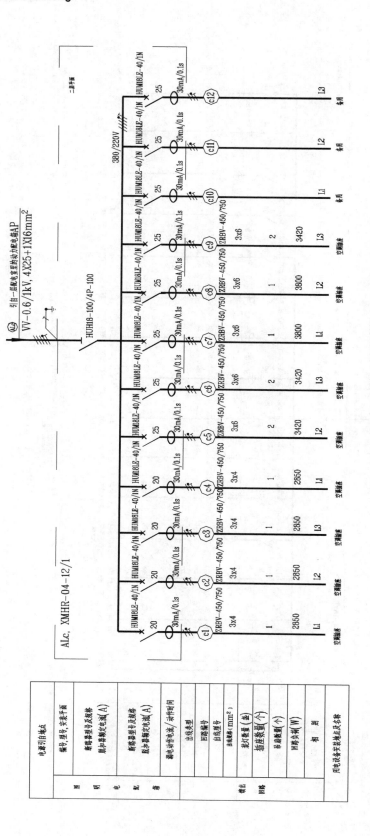

图3-6-5 ALc空调插座系统图

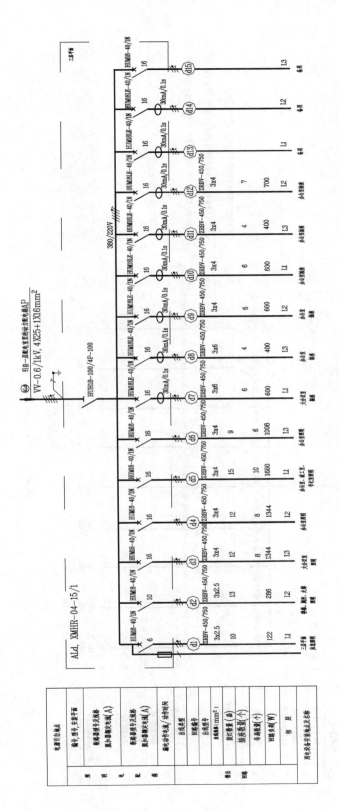

图 3-6-6 ALd照明系统图

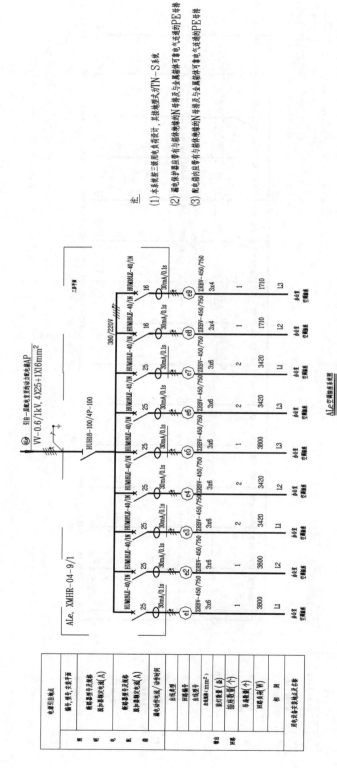

图3-6-7 ALe空调插座系统图

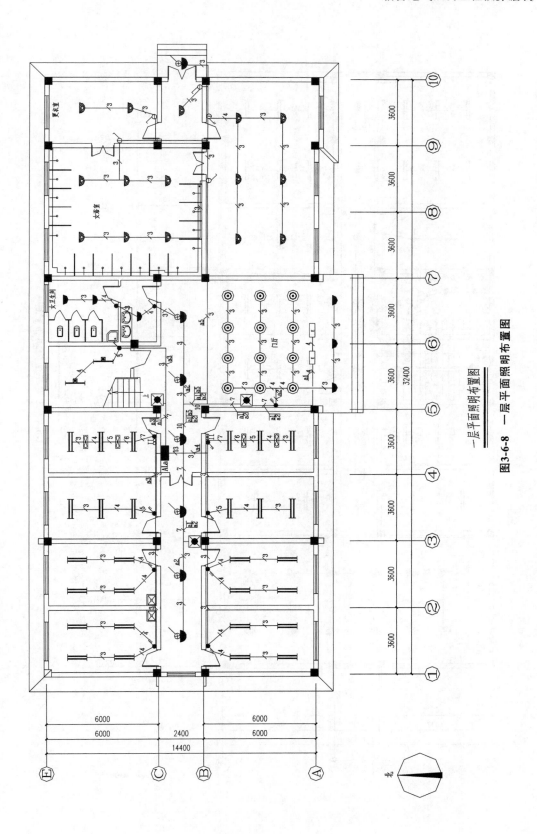

一层平面照明布置图

图3-6-8 一层平面照明布置图

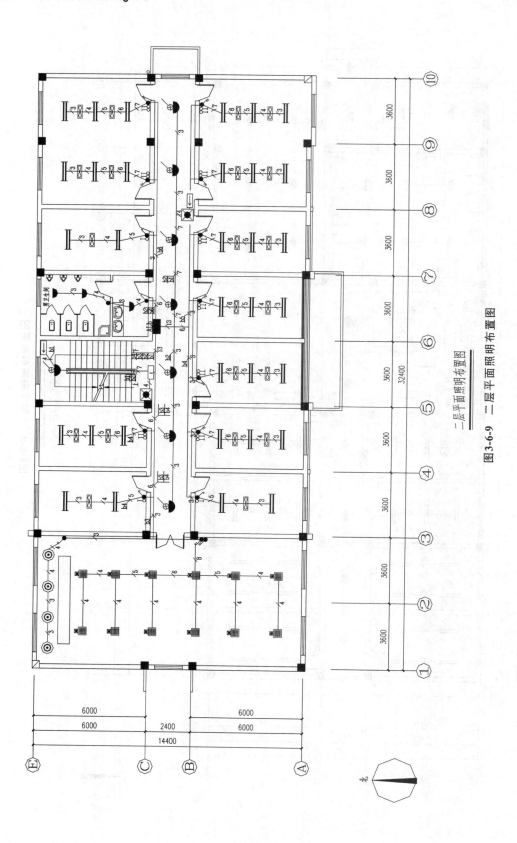

二层平面照明布置图

图3-6-9 二层平面照明布置图

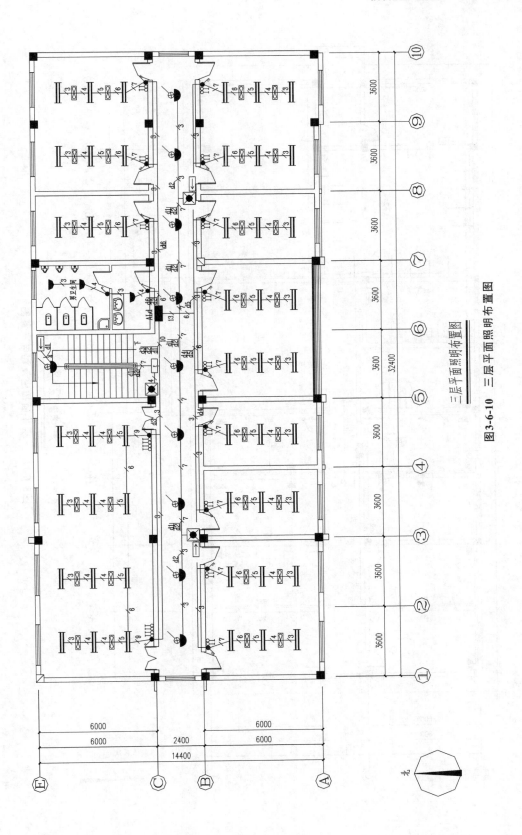

三层平面照明布置图

图3-6-10 三层平面照明布置图

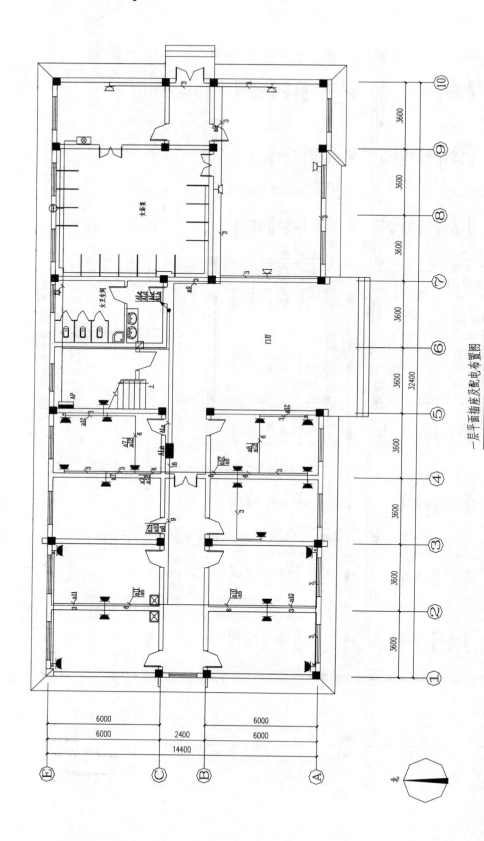

一层平面插座及配电布置图

图3-6-11 一层平面插座及配电布置图

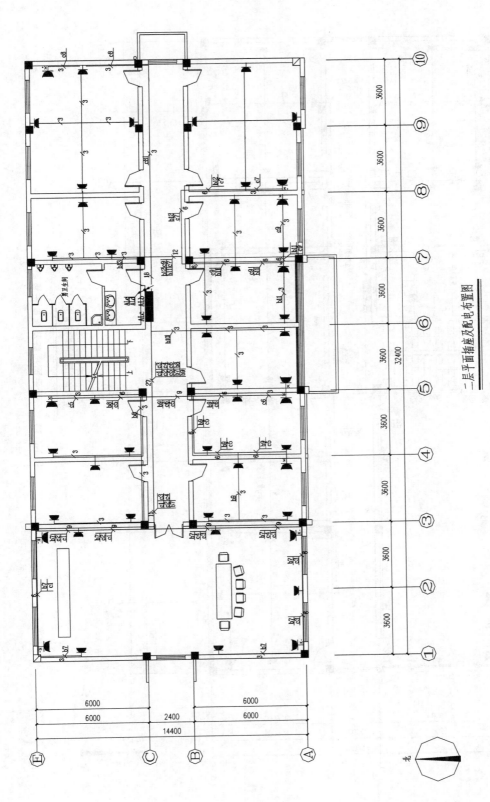

一层平面插座及配电布置图

二层平面插座及配电布置图

图3-6-12 二层平面插座及配电布置图

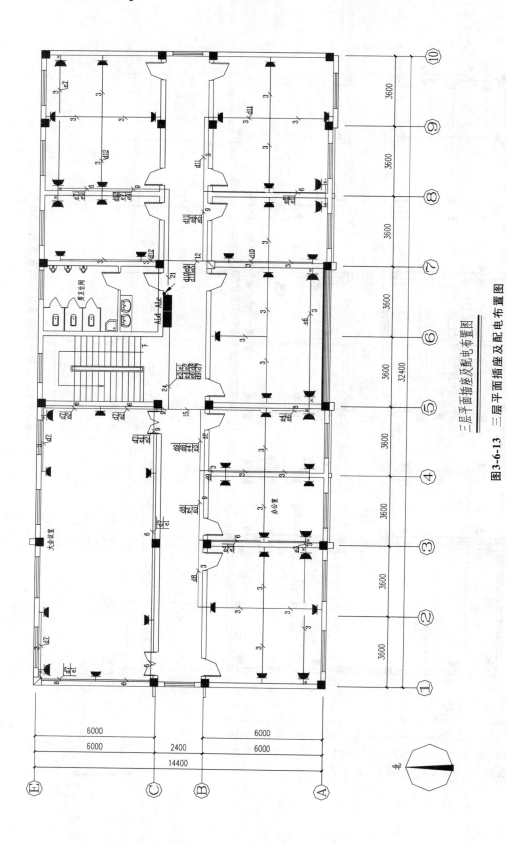

三层平面插座及配电布置图

图3-6-13 三层平面插座及配电布置图

项 目 4

车间动力工程预算编制

单元 4.1 动力工程识图

【能力目标】

能够读懂简单的电气动力工程系统图、平面图,读懂图纸说明。

【知识目标】

①掌握识读电气动力工程施工图的方法;②掌握电气动力工程系统的组成。

项目 4 施工图图纸:车间动力工程。

1. 车间动力系统图

车间动力系统图如图 4-1-1 所示。

2. 车间动力平面图

车间动力平面图如图 4-1-2 所示。

3. 施工图说明

该车间电源为三相四线 380/220 V,引自室外变电所,采用 VV22-3×25＋1×16 电缆直埋引入建筑物,车间外水平长度暂按 1 m 考虑计算,进入车间后穿 DN50 钢管保护管沿墙明敷至落地式动力配电箱,配电箱至设备共计 8 个分支,分别为 N1-N8,各支路采用 BV-500 V 铜芯塑料导线穿钢管沿地暗敷,埋深 200 mm,设备基础高度为 250 mm。

动力配电箱尺寸为 1200 mm×1800 mm×400 mm(宽×高×厚),落地式安装,基础为 20 号槽钢,基础高度为 300 mm。建筑物外墙厚 240 mm,室内外高差 350 mm。

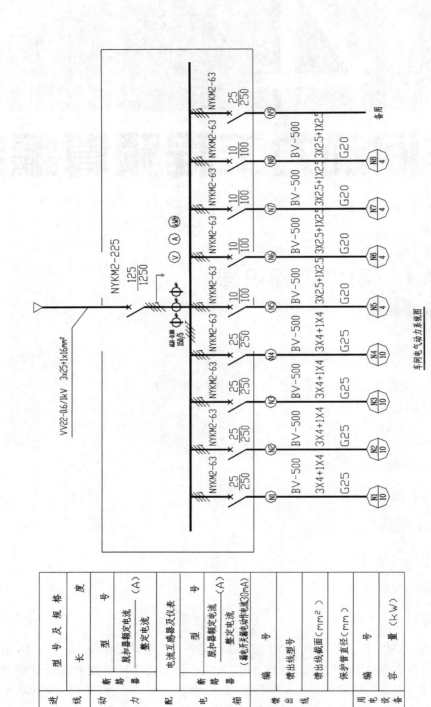

图 4-1-1　车间动力系统图

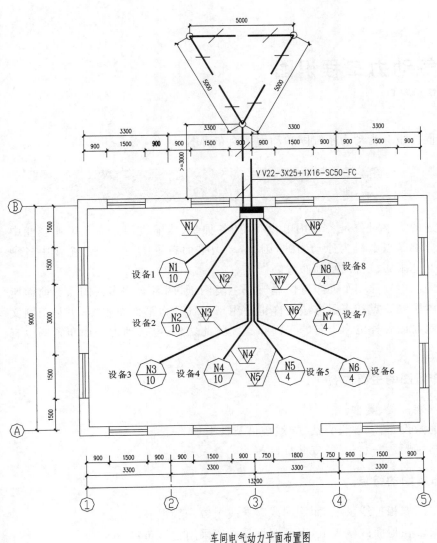

车间电气动力平面布置图

图 4-1-2　车间动力平面图

任务 1　电气动力工程系统的组成

　　在一般民用建筑物中，往往将建筑物灯具照明和小型日用电器用电插座划归为电气照明工程，而在工业企业中，除了照明外，还有很多动力用电设备，因此常常把动力用电设备的用电线路划归为电气动力工程。动力系统的组成结构包括：电源引入，启动控制设备（配电箱），配电线路（干线、支线），电机或动力设备。

任务 2 电气动力工程识图

电气动力工程图纸同样也分为动力系统图和动力平面布置图。

一、动力平面布置图

动力平面布置图描述的主要对象是各种用电设备,如各种泵、压缩机等。由于工业企业中的各种工作机械绝大部分都是以电机为原动力的,因此,动力平面布置图主要表示企业中各种电动机及其供电线路和其他附属设备的平面布置。

电气动力平面布置图与电气照明平面布置图属于同一类图纸,两者有许多共同点。前面所讲述的电气照明平面布置图的特点和表示方法同样也适用于电气动力平面布置图,也是用图文符号和文字符号表示建筑物内各种电力设备的平面布置。除此之外,电气动力平面布置图也有其独特之处。

1. 电气动力平面布置图的主要内容

(1)动力配电箱的安装位置、类型。
(2)电源供电线路的敷设路径、敷设方法、导线规格及种类等。
(3)用电设备的规格、型号、安装位置、安装标高等。

2. 电气动力平面布置图的特点

(1)动力线路一般采用三相三线供电,而照明线路导线根数一般很多。
(2)用电设备一般安装在地面或楼板上,而照明灯具一般采用立体布置。
(3)动力线路一般只有几种敷设方式,而照明线路配线方式更多样化。
一般来说,电气动力平面布置图在形式上要比照明平面布置图简单很多。

二、电气动力系统图

电气动力平面布置图需要和电气动力系统图相互配合,才能清楚地表示用电设备和线路的布置情况。电气动力系统图的主要内容如下。

(1)电气动力系统图表示整个建筑物供电系统的基本组成,各总配电箱、分配电箱及用电设备的相互关系。

(2)电气动力系统图表示某一配电箱的电力分配情况。这种图通常采用图表的形式,分别列出电源进线、电源开关、配电线路、控制开关、用电设备等内容。

任务 3 车间动力工程图纸识读

一、动力系统图

动力系统图中,按电能输送关系,主要有电源进线、动力配电箱、配电线路和用电设备四个部分。

1. 电源进线

车间动力用电是从室外电源引入室内配电箱。室外电源导线型号为 VV22-3×25＋1×16(非阻燃聚氯乙烯绝缘聚氯乙烯护套电力铜芯电缆),4 芯,其中 3 芯截面积为 25 mm²,1 芯截面积为 16 mm²,穿管径为 DN50 的钢管保护管(SC),埋地敷设(FC),电缆进入室内后,沿墙明敷至动力配电箱。

2. 动力配电箱

动力用电是通过该配电箱向各台设备分配电能的。配电柜内有一个总开关(断路器),型号为 NYKM2-225(额定电流为 125 A),9 个分开关(断路器),型号为 NYKM2-63(额定电流为 10～25 A),分别控制 9 个回路,编号分别为 N1～N9,其中 N1～N8 回路,分别控制 8 台设备;另有 1 条回路作为备用线路。各回路负荷分配如下:

① 第一个回路,编号为 N1,为设备 1 供电,用电负荷为 10 kW;
② 第二个回路,编号为 N2,为设备 2 供电,用电负荷为 10 kW;
③ 第三个回路,编号为 N3,为设备 3 供电,用电负荷为 10 kW;
④ 第四个回路,编号为 N4,为设备 4 供电,用电负荷为 10 kW;
⑤ 第五个回路,编号为 N5,为设备 5 供电,用电负荷为 4 kW;
⑥ 第六个回路,编号为 N6,为设备 6 供电,用电负荷为 4 kW;
⑦ 第七个回路,编号为 N7,为设备 7 供电,用电负荷为 4 kW;
⑧ 第八个回路,编号为 N8,为设备 8 供电,用电负荷为 4 kW;
⑨ 第九个回路,编号为 N9,作为备用线路。

3. 配电线路

八条线路的电线都是穿 SC20 或 SC25 穿钢管沿地暗敷。各线路使用的都是电线。

第一、二线路,编号为 N1、N2,电线型号为 BV-500V3×4＋PE4(铜芯聚氯乙烯绝缘电线),共 4 根,截面积都为 4 mm²,其中 3 根为相线,一根为接地线(PE)。

第三至八线路,编号为 N3～N8,电线型号为 BV-3×2.5＋PE2.5(铜芯聚氯乙烯绝缘电线),共 4 根,截面积都为 2.5 mm²,其中 3 根为相线,一根为接地线(PE)。

二、动力平面布置图

动力平面布置图上详细标明了配电箱、各动力配电线路、各动力设备电动机在车间平面上的位置。

1. 电源进线

该车间电源为三相四线 380/220 V 引自工厂变电所,从室外引入室内配电箱。室外电源导线型号为 VV22-3×25+1×16,穿管径为 DN50 的钢管保护管(SC),埋地敷设(FC),电缆进入室内后,沿墙明敷至动力配电箱。

2. 动力配电箱

该车间动力配电箱尺寸为 1200 mm×1800 mm×400 mm(宽×高×厚),落地式安装,基础为 20 号槽钢,按标准施工。

3. 配电线路

由配电箱至各设备电动机的连接线,因为电动机容量较小,皆用电线作为导线,而没有使用截面相对较大的电缆。电线穿钢管沿地暗敷。

这些标注同系统图上的标注都是一一对应的。

4. 动力设备

车间内共布置了 8 台设备,具体位置在平面图上非常清楚。

单元 4.2 控制设备等相关工程量计算

【能力目标】

能根据《全国统一安装工程预算工程量计算规则》计算电气动力工程中控制设备等相关的工程量。

【知识目标】

掌握电气动力工程中控制设备等相关的工程量计算规则。

一般电气动力工程需要计算的项目主要有以下四类:①控制设备(配电箱);②电源引入线路、配电线路(干线、支线);③用电设备;④电气调整、调试。

本单元讨论配电箱等控制设备及其他电气设备等的工程量计算。

任务 1 控制设备及用电设备等安装工程量计算

电气动力工程中的控制设备主要包括控制屏、模拟屏、低压开关柜、控制台、控制箱、成套配电箱等。在动力工程中，最常用的控制设备是动力配电箱。它是用户用电设备的供电和配电点，是控制电源的设施，一般主要是套型控制设备安装。

一、控制设备安装工程量计算

控制设备安装工作内容包括开箱，检查，安装，电器、仪表及继电器等附件的拆装、送交试验，盘内整理及一次校线、接线。

控制设备工程量计算规则如下。

控制设备及低压电器（包括成套配电箱），均以"台"为计算单位计算数量。

以上设备安装均未包括基础槽钢、角钢的制作安装，其安装所需要的支架基础型钢另行计算。

二、用电设备安装相关内容

在电气动力工程中，用电设备包括设备机械本身及其电机，这两者的设备本身的安装费需套用第一册《机械设备安装工程》定额，另行计算。而在电气动力安装工程预算中，是不包含电机或机械设备本身的安装费用。而只包含与电气安装相关的电机检查接线费用，电机干燥、解体拆装检查费用，电动机的调试费用等，具体如下。

1. 电机检查接线费用

根据施工及验收规范规定，电机安装运行前应进行检查，故电气动力工程预算中应计算电机检查接线费用。

电机检查接线的工作内容是检查定子、转子和轴承吹扫，调整和研磨电刷，测量空气间隙等。

设备接线是指各种电气设备上的接线端子与外部线路的连接，以及焊接或压接接线端子。

电机检查接线工程量计算规则如下：工程量均以"台"为计算单位，按施工图示计算数量。

2. 电机干燥、解体拆装检查费用

电机检查接线工作内容，除发电机和调相机外，均不包括电机的干燥工作，发生时要执行电机干燥定额。

（1）电机安装前应测试绝缘电阻，若测试不合格，必须进行干燥。电机的干燥定额是按一次干燥所需的人工、材料、机械消耗量考虑的。大中型电机干燥定额，按电机质量划分定额子目考虑；小型电机干燥定额，按电机功率划分定额子目考虑。

（2）电机解体拆装检查，施工现场一般不做此项工作，需要做时经多方签证后按实际发生列项计算，而电机解体检查的电气配合用工，已包括在电机检查接线定额中。

工程量计算规则：工程量均以"台"为计算单位，按施工图示计算数量。

任务 2 电气调整试验

一、电动机调试

电动机调试的工作内容包括：电动机、开关柜、断路器、互感器、保护装置、电缆等一、二次回路等的调试。

电动机调试的工程量计算规则如下：

电动机调试分为普通小型直流电动机调试，可控硅调速直流电动机系统调试，普通交流同步电动机调试，低、高压交流异步电动机调试，交流变频调速电动机调试，微型电动机、电加热器调试等项目，分别以"台"或"系统"为计算单位，计算电动机数量。

注意：为电动机供电的配电箱、开关柜和电缆的调试均已经包含在电动机调试定额内，不得重复计算。

二、送配电系统调试

照明系统、动力系统都需要送配电系统调试。

送配电系统调试的工作内容包括：自动开关或断路器、隔离开关、常规保护装置、电测量仪表、电力电缆等一次、二次回路系统的调试，即线路内开关等电气元件的系统调试。

送配电系统调试的工程量计算规则如下。

以"系统"为计量单位计算工程量，系统的划分是以施工图设计的电气原理系统图为计算依据。

凡是回路中有需要进行调试的元件可划分为一个系统。需作调试的元件指：仪表（PA、PV、PJ 等）、继电器（KV、KA、KH、KM、KS、KT 等）和电磁开关（KM、QF 等）。

1 kV 以下的总送配电装置，如电源屏至分配电箱的供电回路，有几个回路就算几个"系统"调试，其中三相四线只算一个回路。

一般来说，一个单位工程至少有一个送配电系统调试。

三、实践环节　项目4车间动力工程"控制设备等相关工程量"计算

车间动力工程工程量计算过程如表4-2-1所示。

表4-2-1　车间动力工程工程量计算表

序号	工程名称	单位	数量	计算公式
一	控制设备等			
1	动力配电箱安装	台	1.00	
2	基础槽钢制作、安装	m	4.40	(1.2＋0.4)(基础长和宽)×2＋0.3(基础高)×4
	未计价主材:20号槽钢	m	4.62	4.4×1.05(主材损耗系数)
				3.5元/kg×22.63 kg/m≈79.21元/m
3	电机检查接线	台	8.00	
4	电动机调试	台	8.00	
5	送配电系统调试	系统	1.00	

说明:(1)配电箱的安装中未包括基础槽钢的制作和安装,因此,槽钢的制作和安装需要单独计算费用。

(2)基础槽钢制作、安装工程量:4.4 m。

定额中的未计价主材是槽钢,从定额后的附录《主要材料损耗率表》中,查得"型钢"的材料损耗率为5%。

未计价主材是槽钢的实际量为:4.4 m×1.05(主材损耗系数)=4.62 m

槽钢的预算价格按现行价格3500元/吨计算,从手册中查得:20号槽钢的理论重量为22.63 kg/m,因此,槽钢的单价为:

$$3.5 元/kg×22.63kg/m=79.21 元/m$$

单元 4.3 电缆支持体工程量计算

【能力目标】

能根据《全国统一安装工程预算工程量计算规则》计算电气动力工程中电缆支持体等相关的工程量。

【知识目标】

① 熟悉几种常见的电缆敷设方式;

② 掌握电气动力工程中各种电缆支持体相关的工程量计算规则。

任务 1 常见电缆敷设方式

在动力系统工程中,电缆有多种敷设方式,常见电缆敷设有以下几种方式:

① 电缆埋地敷设(简称"直埋");

② 电缆沿电缆沟敷设;

③ 电缆穿保护管敷设;

④ 电缆桥架敷设;

⑤ 电缆沿钢索敷设;

⑥ 电缆沿墙支架敷设。

无论哪种敷设方式,都有电缆保护设施(相当于电缆支持体),因此电缆敷设工程量计算就涉及电缆本身的敷设和电缆支持体的制作安装两部分内容。下面详细介绍几种主要的电缆敷设方式。

一、电缆埋地敷设

直埋电缆是按照规范的要求,挖完直埋电缆沟后,在沟底铺砂垫层,并清除沟内杂物,再敷设电缆,电缆敷设完毕后,要马上再填砂,还要在电缆上盖一层砖或者混凝土板来保护电缆,然后回填。电缆直埋示意图如图 4-3-1 所示。

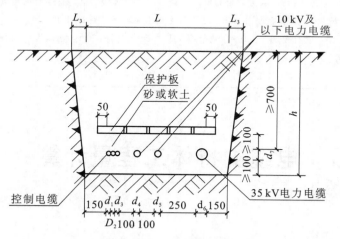

图 4-3-1 电缆直埋示意图

二、电缆沟内沿电缆支架敷设

封闭式不通行、盖板与地面齐平或稍有上下、盖板可开启的电缆构筑物为电缆沟,将电缆敷设在先建设好的电缆沟中的安装方法,称为电缆沟敷设。

电缆沟一般由砖砌成或由混凝土浇铸而成,沟顶部和地面齐平的地方可用钢筋混凝土盖板(或钢板)盖住,电缆可直接放在沟底,或沿沟壁预先埋设支架,将电缆安装在支架上。

常见电缆沟种类如图 4-3-2 所示。

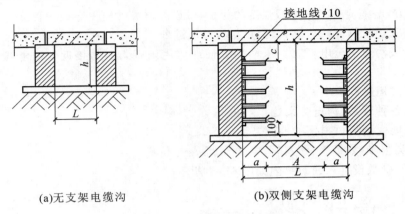

(a)无支架电缆沟　　　　(b)双侧支架电缆沟

图 4-3-2　常见电缆沟种类

在电缆沟底设不小于 0.3% 的排水坡度,并在沟内设置适当数量的积水坑。沟内全长应装设有连续的接地线装置。沟内金属支架、裸铠装电缆的金属护套和铠装层应全部和接地装置连接。沟内的金属构件均需采取镀锌或涂防锈漆的防腐措施。沟内的电缆应采用裸铠装或阻燃性外护套的电缆。

电缆固定于支架上,各支撑点间距应符合相应的规定。应用尼龙绳或绑带扎牢。

电力电缆和控制电缆应分别安装在沟的两边支架上。否则,应将电力电缆安置在控制电缆之下的支架上。高电压等级的电缆宜敷设在低电压等级电缆的下面。

电缆沟断面示意图如图 4-3-3 所示。

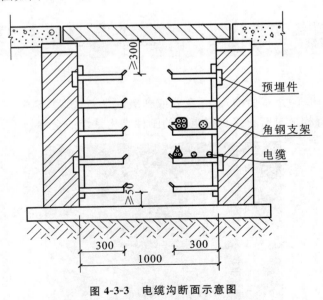

图 4-3-3　电缆沟断面示意图

三、电缆穿保护管敷设

在某些地方,电缆应有一定机械强度的保护,敷设时电缆外面需穿保护管,例如:

① 电缆进入建筑物、隧道、人井、穿过楼板及墙壁处;

② 从地下或沟道引至电杆、设备、墙外表面或房屋内行人容易接近处的电缆,距地面高度2 m以下的一段;

③ 电缆通过道路和铁塔;

④ 电缆与各种管道、沟道交叉处;

⑤ 其他可能受到机械损伤的地方。

保护管种类很多,如钢管、塑料管、电线管、混凝土管等。

电缆穿保护管敷设进入建筑物内如图 4-3-4 所示。

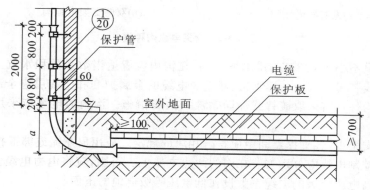

图 4-3-4　电缆穿保护管敷设进入建筑物内

四、电缆桥架敷设

电缆桥架(见图 4-3-5)是指由槽式、托盘式或梯级式的直线段、弯通、三通、四通组件以及托臂(臂式支架)、吊架等构成具有密接支撑电缆的刚性结构系统的全称。

图 4-3-5　电缆桥架

电缆沿桥架进行敷设的方式称为电缆桥架敷设,电缆桥架敷设示意图如图 4-3-6 所示。

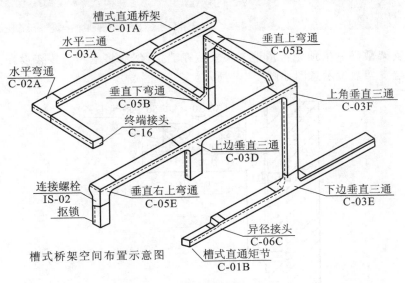

图 4-3-6 电缆桥架敷设示意图

五、电缆沿钢索架设

在没有可以附着的物体时,线路可以采用钢悬索的形式来布置,即钢索架设。电缆沿钢索架设示意图如图 4-3-7 所示。钢索架设用挂钩如图 4-3-8 所示。

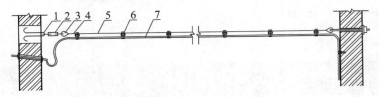

图 4-3-7 电缆沿钢索架设示意图

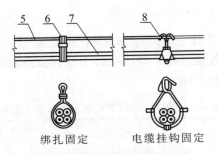

绑扎固定　　　　电缆挂钩固定

图 4-3-8 钢索架设用挂钩

六、电缆沿墙支架敷设

电缆沿墙支架敷设是指预先将角钢支架安装在墙上,然后将电缆直接架设在支架上的敷设方式。电缆沿墙支架敷设示意图如图 4-3-9 所示。

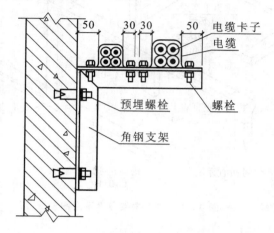

图 4-3-9　电缆沿墙支架敷设示意图

任务 2　与电缆支持体相关的工程量计算

一、电缆埋地敷设

1. 直埋电缆沟挖、填土(石)方工程量计算

工程量计算规则:以"m³"为计量单位,计算土(石)方工程量。

电缆沟设计有要求时,应按设计图计算土(石)方量;电缆沟设计无要求时,可按表 4-3-1 计算土(石)方量,但应区分不同的土质。

表 4-3-1　直埋电缆沟挖、填土(石)方工程量

项　　目	电缆根数	
	1～2	每增加 1 根
每米沟长挖方量(m³)	0.45	0.153

注:① 两根以内的电缆沟,是按上口宽度 600 mm、下口宽度 400 mm、深度 900 mm 计算的常规土方量(深度按规范的最低标准),即 $V=(0.6+0.4)\times0.9\times0.5$ m³/m$=0.45$ m³/m;

② 每增加一根电缆,其宽度增加 170 mm,即每米沟长挖方量增加 0.153 m³;

③ 表中土(石)方量按埋深从自然地坪起算,如设计埋深超过 900 mm,多挖的土(石)方量应另行计算。

2. 电缆沟铺砂、盖砖及移动盖板工程量计算

工程量计算规则:以"米"为计量单位,工程量按图示"延长米"计算。

其工程量与沟的长度相同,分为敷设1~2根电缆和每增加1根电缆两项定额子目(见图4-3-10)。

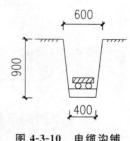

图4-3-10　电缆沟铺砂、盖砖

二、电缆沟敷设

1. 电缆沟盖板揭、盖工程量计算

工程量计算规则:以"米"为计量单位,每揭或每盖1次,定额按1次考虑,如又揭又盖,则按2次计算。

2. 土(石)方和沟底、沟壁及其他工程量计算

土(石)方和沟底、沟壁及其他工程量计算,按土建工程相关计算规则计算。

三、电缆保护管

1. 电缆保护管工程量计算

工程量计算规则:电缆保护管可根据不同的材质,以"米"为计算单位,按图示"延长米"计算。

2. 注意事项

(1) 当电缆保护管为φ100以下的钢管时,执行配管配线有关项目。

(2) 电缆保护管长度,除按设计规定长度计算外,遇到下列情况,应按规定增加保护管长度计算。

① 横穿道路时,按路基宽度两端各增加2 m。

② 垂直敷设时,管口距地面增加2 m。

③ 穿过建筑物外墙时,按外墙外缘以外增加1.5 m。

④ 穿过排水沟时,按沟壁外缘以外增加1 m。

(3) 保护管管径大小。设计未加说明,可按电缆外径的1.5倍考虑,管端需要封闭时,其工料应另行计算。

(4) 保护管管沟土(石)方挖填量。凡有施工图注明管沟尺寸的,按施工图管沟尺寸计算;无施工图的,管沟尺寸一般按沟深$h=0.9$ m,沟宽按最外边的保护管两侧边缘外各增加0.3 m工作面计算。具体计算公式如下:

$$V=(D+2\times0.3)HL$$

式中:D——保护管外径,m;

H——沟深,m;

L——沟长,m。

四、电缆桥架

1. 电缆桥架安装工程量计算

工程量计算规则:按桥架设计图示中心线长度,以"m"为计算单位,计算长度。

电缆桥架包括组对、焊接或螺栓固定、弯头、三通或四通、盖板、隔板附件安装等工作内容。依据材质分为钢制桥架、玻璃钢桥架、铝合金桥架,按桥架宽+高(mm)的尺寸划分定额子目;钢制桥架主结构设计厚度大于 3 mm 时,定额人工、机械乘以系数 1.2。

2. 电缆组合式桥架安装工程量计算

工程量计算规则:以"片"为计算单位,计算组合式桥架片数。

3. 桥架支撑安装工程量计算

工程量计算规则:以"kg"为计算单位,计算桥架支撑质量。桥架支撑项目适用于立柱、托臂及其他各种支撑架的安装。

不锈钢桥架按钢制桥架定额乘以系数 1.1 执行。

4. 电缆支架、吊架工程量计算

工程量计算规则:

(1)当电缆在地沟内或沿墙支架敷设时,其支架、吊架、托架的制作安装以"kg"为计算单位,计算支架质量。

(2)电缆槽架安装。若槽架为成品时,以"m"为计算单位;若需现场加工槽架,其制作工程量以"kg"为计算单位,计算槽架质量。

五、电缆在钢索上敷设时的相关工程量

工程量计算规则:

(1)钢索架设工程量应区分圆钢、钢索直径($\phi6$、$\phi9$)按图示墙(柱)内缘距离,以"m"为计算单位,计算"延长米"长度,不扣除拉紧装置所占长度计算。

(2)钢索拉紧装置制作安装,以"套"为计算单位。

上述钢索架设内容同样适用于钢索配管和钢索配线时的工程量计算。

六、电缆头工程量

无论采用哪种材质的电缆和哪种敷设方式,电缆敷设后,其两端要剥出一定长度的线芯,以便分相与设备接线端子连接。每根电缆均有始末两端,所以,1 根电缆有 2 个电缆终端头。另

外,当电缆长度不够时,需要将两根电缆连接起来,这个连接的地方,就是电缆中间接头。

工程量计算规则:电缆终端头及中间接头的制作安装,均按设计图示数量以"个"为计算单位分别计算个数。电力电缆和控制电缆均按1根电缆有2个终端头考虑。中间电缆头设计有图示的,按设计确定;设计没有规定的,按实际情况计算(或按平均250 m一个中间接头考虑)。

截面大小按单芯截面计。

注意:(1)对于电缆:按1根电缆2个终端头计算。如VV22-3×25+1×16,截面大小按25 mm² 来确定。

(2)16 mm² 以下截面电缆头执行压接线端子或端子板外部接线。

(3)如果电气动力工程线路敷设中使用的是电线,则当导线截面≥10 mm² 时,与设备连接时需要接线端子。

一般来说,与设备连接时,6 mm² 及以下的电线按照实际接线是否有接线端子分别套用无端子外部接线和有端子外部接线,10 mm² 及以上大截面线路则需要套用焊铜接线端子和压铜接线端子两个子目。接线端子本身价格已包含在定额子目中。例如,BV-3×16+1×10,其端子个数:①16 mm² 为3×2=6个;②10 mm² 为1×2=2个。

一根电线按2个端子计算,一端连接设备,一端连接配电箱。

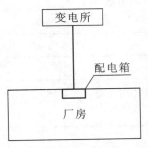

图 4-3-11 电缆敷设平面布置图

【例 4-3-1】 项目4中,车间厂房电源为三相四线 380/220 V,引自室外变电所,采用 VV22-3×25+1×16 电缆直埋引入厂房建筑物。该厂房外墙至变电所水平长度为 25 m,进入车间后穿 DN50 钢管保护管沿墙暗敷至落地式动力配电箱。其电缆敷设平面布置图如图 4-3-11 所示。

动力配电箱尺寸为 1200 mm×1800 mm×400 mm(宽×高×厚),落地式安装,基础为 20 号槽钢,基础高度为 300 mm。建筑物外墙厚 240 mm,室内外高差为 350 mm。计算此段室外电缆支持体相关工程量。

【解】 因为此段电缆是采用直接埋地的敷设方式,因此与电缆支持体相关工程量有以下几项。

(1)直埋电缆沟挖、填土方:

$$25(电缆直埋沟长)×0.45(每米沟长土(石)方)=11.25 \ m^3$$

(2)电缆沟铺砂、盖砖:25(电缆直埋沟长)。

(3)电缆终端头制作:35 mm² 终端头2个。

七、实践环节　项目4车间动力工程"电缆敷设支持体相关工程量"计算

在项目4中,电缆敷设支持体采用的是第三种形式——电缆保护管,因此需要计算电缆保护管的工程量,计算过程见表 4-3-2。

表 4-3-2　车间动力工程工程量计算表

序号	工程名称	单位	数量	计算公式
二	电缆支持体			
1	钢管暗配 DN50	m	2.99	1.0(室外)+0.24(墙厚)+0.4/2(一半箱厚) +0.9(直埋沟深)+0.35(室内外高差)+0.3(箱槽钢基础)

序号	工程名称		单位	数量	计算公式
2	钢管暗配 DN25		m	24.74	
	N1		m	3.73	
		水平	m	2.78	2.78(配电箱至设备1)
		垂直	m	0.95	0.2×2(两端埋地深)+0.25(设备端出地面)+0.3(箱槽钢基础)
	N2		m	5.29	
		水平	m	4.34	4.34(配电箱至设备2)
		垂直	m	0.95	0.2×2(两端埋地深)+0.25(设备端出地面)+0.3(箱槽钢基础)
	N3		m	8.87	
		水平	m	7.92	7.92(配电箱至设备3)
		垂直	m	0.95	0.2×2(两端埋地深)+0.25(设备端出地面)+0.3(箱槽钢基础)
	N4		m	6.85	
		水平	m	5.90	5.90(配电箱至设备4)
		垂直	m	0.95	0.2×2(两端埋地深)+0.25(设备端出地面)+0.3(箱槽钢基础)
3	钢管暗配 DN20		m	24.74	
	N5		m	6.85	
		水平	m	5.90	5.9(配电箱至设备5)
		垂直	m	0.95	0.2×2(两端埋地深)+0.25(设备端出地面)+0.3(箱槽钢基础)
	N6		m	8.87	
		水平	m	7.92	7.92(配电箱至设备6)
		垂直	m	0.95	0.2×2(两端埋地深)+0.25(设备端出地面)+0.3(箱槽钢基础)
	N7		m	5.29	
		水平	m	4.34	4.34(配电箱至设备7)
		垂直	m	0.95	0.2×2(两端埋地深)+0.25(设备端出地面)+0.3(箱槽钢基础)
	N8		m	3.73	

续表

序号	工程名称	单位	数量	计算公式
	水平	m	2.78	2.78(配电箱至设备8)
	垂直	m	0.95	0.2×2(两端埋地深)+0.25(设备端出地面) +0.3(箱槽钢基础)
	汇总			
	钢管			
	DN50	m	2.99	
	DN25	m	24.74	
	DN20	m	24.74	

说明:① 根据工程量计算规则规定,当电缆保护管为φ100以下的钢管时,执行配管配线有关项目。

② 项目4工程中电缆保护管为DN50的钢管,属于φ100以下的钢管,因此执行配管配线有关项目。

③ 项目4工程中动力配电线路都使用的是电线,而不是电缆,因此都执行配管配线有关项目。

单元  4.4 电缆敷设工程量计算

【能力目标】

能根据《全国统一安装工程预算工程量计算规则》计算电气动力工程中电缆敷设的工程量。

【知识目标】

① 掌握电气动力工程中各种电缆敷设的工程量计算规则;

② 掌握电缆敷设工程量计算的计算方法和计算公式。

任务 1 电缆敷设工作内容

包括开盘、检查、架盘、敷设、锯断、排列、整理、固定、收盘等。

任务 2 电缆敷设工程量计算规则

以"米"为计量单位,按施工图设计敷设路径,计算电缆单根延长米的长度。包括水平、垂直敷设长度,及按规定增加的附加长度。

电缆敷设是综合定额,已将裸包电缆、铠装电缆、屏蔽电缆等各种电缆考虑在内。因此,凡 10 kV 以下电力电缆和控制电缆,均不分结构和型号,无论采用什么方式敷设,一律按电缆线芯材料、单芯截面分类,即以铝芯和铜芯分类,按电缆线芯截面积分档。

电缆敷设定额未考虑因波形敷设增加长度、弛度增加长度、电缆绕梁(柱)增加长度以及电缆与设备连接、电缆接头等必要的预留长度,该增加长度应计入工程量之内,并按表 4-4-1 规定增加附加长度。

表 4-4-1 电缆敷设部分预留长度

序号	预留长度名称	预留长度(附加)	说 明
1	电缆敷设弛度、波形弯叉、交叉等	2.5%	按电缆全长计算
2	电缆进入建筑物	2.0 m	规范规定的最小值
3	电缆进入沟内或吊架时引上(下)预留	1.5 m	规范规定的最小值
4	变电所进线、出线	1.5 m	规范规定的最小值
5	电力电缆终端头	1.5 m	规范规定的最小值
6	电缆中间接头盒	两端各 2.0 m	检修余量最小值
7	电缆进控制盒、保护屏及模拟盘等	高+宽	检修余量最小值
8	高压开关柜及低压动力配电盘、箱	2.0 m	盘下进出线
9	电缆至电动机	0.5 m	从电动机接线盒起算
10	厂用变压器	3.0 m	从地坪算起
11	电梯电缆及电缆架固定点	每处 0.5 m	规范规定的最小值
12	电缆绕过梁、柱等增加长度	按实际计算	按被绕过物的断面情况计算增加长度

如果设计图纸中给出预留长度,则按给出的长度计算,如果没有给出,则按表 4-4-1 计算。

任务 3 计算方法

单根电缆长度计算公式如下:

单根电缆长度=(水平长度+垂直长度+各部预留长度)×(1+2.5%)

【例 4-4-1】 计算例 4-3-1 工程中电缆敷设工程量。

【解】 见图 4-4-1 所示的电缆敷设示意图,应用以上公式,计算电缆工程量。

公式中部分长度组成如图 4-4-1 所示,其中:水平长度为 L_0 (一般在平面图中用比例尺量取);垂直长度为 H_0。

各部分预留:①H_1、H_2 为电缆终端头预留长度;②L_1 为电缆出变电所预留长度;③L_2 为电缆进入沟内预留长度;④L_3 为电缆进入建筑物预留长度;⑤L_4 为电缆进入配电箱预留长度。

所以,单根电缆长度 $L =$(水平长度+垂直长度+预留长度)$\times(1+2.5\%)$

$$= (L_0 + H_0 + H_1 + H_2 + L_1 + L_2 + L_3 + L_4) \times (1 + 2.5\%)$$

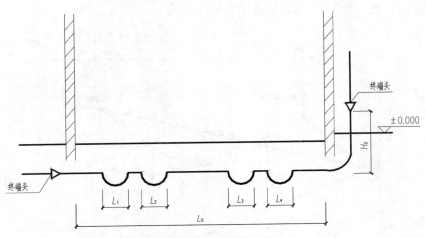

图 4-4-1 电缆敷设预留长度示意图

例 4-3-1 和例 4-4-1 全部工程量计算见表 4-4-2。其中电缆直接埋地敷设工程量计算见表 4-4-2 第 4 项。

表 4-4-2 工程量计算表

序号	工程名称	单位	数量	计算公式
1	直埋电缆沟挖、填土方	m³	11.25	25(电缆直埋沟长)×0.45(每米沟长土石方)
2	电缆沟铺砂、盖砖	m	25.00	25(电缆直埋沟长)
3	电缆终端头制作（35 mm² 终端头）	个	2	
4	电缆敷设	m	37.91	
	水平长度 L_0	m		25+0.24(外墙)+0.4/2(箱厚一半)＝25.44
	垂直长度 H_0	m		0.9(沟深)+0.35(室内外高差)+0.3(槽钢基础)＝1.55
	预留长度	m		1.5(出变电所)+1.5(进入沟内)+2.0(进入建筑物)+2.0(进配电箱)+1.5×2(电力电缆终端头 2 个)＝10
	总长度	m		(25.44+1.55+10)×1.025≈37.91

【例 4-4-2】 计算电气工程管线工程量,某车间动力工程平面图如图 4-4-2 所示。

【施工图说明】车间动力平面图中,电缆穿保护管 SC70 埋地引入至总配电箱 AP0 箱,AP0 箱的尺寸为 1000 mm×2000 mm×500 mm,落地安装,基础为 20 号槽钢,AP0 箱基础槽钢高 0.2 m。从 AP0 箱分出三条回路 N1、N2、N3 供给分 3 个配电箱,其中 AL 箱为照明配电箱,尺寸为 600 mm×500 mm×200 mm,AP1 箱、AP2 箱为动力配电箱,尺寸均为 800 mm×600 mm×200 mm。AP1 箱出线给设备 2、设备 3 供电,AP2 箱出线给设备 1 供电。AL 箱、AP1 箱、AP2 箱箱底距地面均为 1.4 m。设备基础高 0.3 m,设备配管管口高出基础面 0.2 m。导线与柜、箱、设备等相连接预留长度如图 4-4-2 所示。

计算线路(管、线)、端子数(或电缆头制作)工程量。

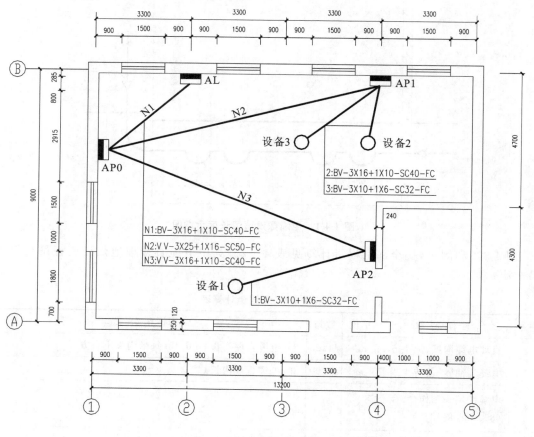

电气动力平面布置图

图 4-4-2 某车间电气动力平面布置图

【解】 画出动力系统导线与柜、箱、设备等相连接垂直方向示意图(见图 4-4-3)。

以 AP0 箱出线 N1、N2 回路为例,根据该示意图及平面图,计算管线工程量。

AP0 箱出线

(1) N1 回路:BV-3×16+1×10-SC40。

① 保护管长度。

水平长度为:3.6 m (用比例尺在平面图中量取)。

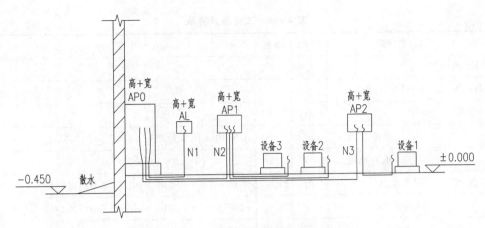

图 4-4-3 导线与柜、箱、设备等连接示意图

垂直长度为 出 AP0 箱： 0.2（槽钢基础）$+0.3$（地下）$=0.5$ m

入 AL 箱： 0.3（出地面）$+1.4$（箱底距地面）$=1.7$ m

保护管小计： $(3.6+0.5+1.7)$ m$=5.8$ m

② 配线长度。

16 mm^2：3 根线，长度为：

$[5.8+(1.0+2.0)$（AP0 箱预留）$+(0.6+0.5)$（AL 箱预留）$]\times 3=(9.9\times 3)$ m$=29.7$ m

10 mm^2：1 根线，长度为：9.9 m。

③ 接线端子（因为导线为电线，所以需计算接线端子个数）。

16 mm^2：$3\times 2=6$ 个。

10 mm^2：$1\times 2=2$ 个。

共计 8 个。

（2）N2 回路：VV-3×25+1×16-SC50。

① 保护管长度。

水平长度为 9.65 m。

垂直长度为 出 AP0 箱： 0.2（槽钢基础）$+0.3$（地下）$=0.5$ m

入 AL 箱： 0.3（出地面）$+1.4$（箱底距地面）$=1.7$ m

保护管小计： $(9.65+0.5+1.7)$ m$=11.85$ m

② 电缆长度。

注意：该段导线为电缆 VV-3×25+1×16-SC50，需计算单根电缆延长米长度，而不能像电线那样乘以 3，另外还需要乘以 1.025 的系数，计算如下。

$[11.85+(1.0+2.0)$（AP0 箱预留）$+(0.8+0.6)$（AP1 箱预留）$]\times(1+2.5\%)$

$=16.25\times 1.025$ m≈ 16.66 m

③ 电缆终端头（因为 VV 为电缆，所以计算电缆头制作安装）。

25 mm^2：2 个（一根电缆按 2 个电缆头计算）。

该例题全部计算过程见表 4-4-3。

表 4-4-3 工程量计算表

序号	工程名称	单位	数量	计算公式
一	AP0 箱出线			
1	N1：BV-3×16＋1×10-SC40			
	配管	m	5.80	
	水平长度	m	3.60	3.6（用比例尺量取）
	垂直长度	m	2.20	0.2＋0.3＋0.3＋1.4＝2.2
	配线　　BV-3×16	m	29.70	［5.8＋（0.6＋0.5）＋（1.0＋2.0）］×3＝29.7
	BV-1×10	m	9.90	［5.8＋（0.6＋0.5）＋（1.0＋2.0）］×1＝9.9
	接线端子 16 mm²	个	6.00	3×2＝6
	10 mm²	个	2.00	1×2＝2
2	N2：VV-3×25＋1×16-SC50			
	保护管	m	11.85	
	水平长度	m	9.65	9.65
	垂直长度	m	2.20	0.2＋0.3＋0.3＋1.4＝2.2
	电缆	m	16.66	［11.85＋（0.6＋0.8）＋（1.0＋2.0）］×（1＋2.5％）≈16.66
	电缆终端头 25 mm²	个	2.00	
3	N3：VV-3×16＋1×10-SC40			
	保护管	m	11.80	
	水平长度	m	9.60	9.6
	垂直长度	m	2.20	0.2＋0.3＋0.3＋1.4＝2.2
	电缆	m	16.61	（11.8＋（0.6＋0.8）＋（1.0＋2.0））×（1＋2.5％）≈16.61
	电缆终端头 16 mm²	个	2.00	
二	AP1 箱出线			
1	AP1-设备 2			
	BV-3×16＋1×10-SC40			
	配管	m	4.30	
	水平长度	m	1.80	1.8
	垂直长度	m	2.50	0.2＋0.3＋0.3＋0.3＋1.4＝2.5
	配线　　BV-3×16	m	20.10	［4.3＋（0.6＋0.8）＋1.0］×3＝20.1
	BV-1×10	m	6.70	［4.3＋（0.6＋0.8）＋1.0］×1＝6.7
	接线端子 16 mm²	个	6.00	3×2＝6
	10 mm²	个	2.00	1×2＝2

序号	工程名称	单位	数量	计算公式
2	AP1-设备3			
	BV-3×10＋1×6-SC32			
	配管	m	5.60	
	水平长度	m	3.10	3.1
	垂直长度	m	2.50	0.2＋0.3＋0.3＋0.3＋1.4＝2.5
	配线　BV-3×10	m	24.00	[5.6＋(0.6＋0.8)＋1.0]×3＝24
	BV-1×6	m	8.00	[5.6＋(0.6＋0.8)＋1.0]×1＝8
	接线端子 10 mm²	个	6.00	3×2＝6
三	AP2 箱出线			
1	AP2-设备1			
	BV-3×10＋1×6-SC32			
	配管	m	6.92	
	水平长度	m	4.42	4.42
	垂直长度	m	2.50	0.2＋0.3＋0.3＋0.3＋1.4＝2.5
	配线 BV-3×10	m	24.30	[5.7＋(0.6＋0.8)＋1.0]×3＝24.3
	BV-1×6	m	8.10	[5.7＋(0.6＋0.8)＋1.0]×1＝8.1
	接线端子 10 mm²	个	6.00	3×2＝6
	汇总			
1	钢管			
	DN50	m	11.85	N2
	DN40	m	21.90	N1、N3、设备2:5.8＋11.8＋4.3＝21.9
	DN32	m	12.52	设备3、设备1:5.6＋6.92＝12.52
2	电缆			
	VV-3×25＋1×16-SC50	m	16.66	N2
	VV-3×16＋1×10-SC40	m	16.61	N3
3	电线			
	BV-16	m	49.80	N1、设备2
	BV-10	m	68.56	N1、设备2、设备3、设备1
	BV-6	m	17.32	设备3、设备1
4	电缆终端头			
	25 mm²	个	2.00	N2
	16 mm²	个	2.00	N3
5	接线端子			
	16 mm²	个	12.00	N1、设备2
	10 mm²	个	16.00	N1、设备2、设备3、设备1

四、实践环节 项目 4 车间动力工程"电缆敷设工程量"计算

车间动力工程"电缆敷设工程量"计算过程见表 4-4-4。

表 4-4-4 车间动力工程工程量计算书

序号	工程名称	单位	数量	计算公式
三	电缆敷设			
1	动力线路 BV-4 mm²	m	162.96	
	N1	m	30.92	[3.73＋1.0(电机预留线)＋(1.2＋1.8)(配电柜预留线)]×4 ＝30.92
	N2	m	37.16	(5.29＋1.0＋(1.2＋1.8))×4＝37.16
	N3	m	51.48	(8.87＋1.0＋(1.2＋1.8))×4＝51.48
	N4	m	43.40	(6.85＋1.0＋(1.2＋1.8))×4＝43.40
2	动力线路 BV-2.5 mm²	m	162.96	
	N5	m	43.40	[6.85＋1.0(电机预留线)＋(1.0＋2.0)(配电柜预留线)] ×4＝43.4
	N6	m	51.48	[8.87＋1.0＋(1.2＋1.8)]×4＝51.48
	N7	m	37.16	[5.29＋1.0＋(1.2＋1.8)]×4＝37.16
	N8	m	30.92	[3.73＋1.0＋(1.2＋1.8)]×4＝30.92
3	无端子外部接线			
	4 mm²	个	32.00	N1-N4：4×4×2＝32
	2.5 mm²	个	32.00	N5-N8：4×4×2＝32
	汇总			
	动力线路			
	BV-4 mm²	m	162.96	
	BV-2.5 mm²	m	162.96	

单元 4.5 定额套用及造价的确定

【能力目标】

能够根据《江苏省安装工程计价定额》(2014 版)套用定额。

【知识目标】

熟悉《江苏省安装工程计价定额》(2014 版)第 4 册《电气设备安装工程》的相关内容。

一、电气控制设备、低压电器安装

常见的成套开关控制设备有高低压开关柜、动力配电箱、控制屏等,套用定额时应注意区分设备与材料。

中华人民共和国住房和城乡建设部发布了《建设工程计价设备材料划分标准》(GB/T 50531—2009)。该国家标准明确规定:设备材料划分是建设工程计价的基础,在编制工程造价有关文件时,应依据本标准的规定,对属于设备范畴的相关费用应列入设备购置费,对属于材料范畴的相关费用应按专业分类分别列入建筑工程费或安装工程费。

根据《建设工程计价设备材料划分标准》(GB/T 50531—2009),成套照明配电箱为未计价材料,而成套动力配电箱属于工程设备。动力配电箱的价值应列入设备购置费,不能列入安装工程费。因此,在编制预算时,只计算动力配电箱的安装费用,不能计算其设备购置费。设备费用不能列入预算价值中。

二、电机或动力设备检查接线

电机是发电机和电动机的统称。对于电机本体安装以及工程量的计算均执行第 1 册《机械设备安装工程》的电机安装定额。而对电动机的检查接线和干燥、调试均执行第 4 册《电气设备安装工程》。套用定额时应注意以下几点。

(1)小型电机按电机类别和功率大小执行相应定额,大型和中型电机不分类别,一律按电机重量执行相应定额。

单台电机重量在 3t 以下的为小型电机;单台电机重量在 3～30 t 的为中型电机;单台电机重量在 30 t 以上的为大型电机。凡功率在 0.75 kW 以下的小型电机均执行微型电机定额。例如,风机盘管检查接线,执行微型电机检查接线项目,但一般民用小型交流电风扇、排气扇,不执行微型电机检查接线项目,只计电风扇、排气扇的安装项目。

(2)各类电机的检查接线定额均不包括控制装置的安装和接线。

(3)直流发电机组和多台串联的机组,按单台电机分别执行相应定额。

(4)各种电机检查接线,规范要求均需配有相应的金属软管,如果设计有规定的,按设计规格和数量计算。例如,设计要求用包塑金属软管、阻燃金属软管或铝合金金属软管接头等,均按设计计算;设计没有规定时,平均每台电机配相应规格的金属软管 1～1.5 m(平均 1.25 m)和与之配套的金属软管专用活接头计算。

(5)电机的电源线为导线时,计算电机的检查接线也要考虑接线端子的费用。采用电缆取代导线敷设时,则要计算电缆终端头的制作、安装,接线端子的费用已计入电缆终端头的制作、安装定额中,不再单独列项。

三、电机干燥、解体拆装检查

电机检查接线定额,除发电机和调相机外,均不包括电机的干燥工作,发生时应执行电机干燥定额。电机的干燥定额是按一次干燥所需的人工、材料、机械消耗量考虑的。在特别潮湿的地方,电机需要进行多次干燥,应按实际干燥次数计算。

电机安装前应测试绝缘电阻,若测试不合格,必须进行干燥。大中型电机干燥定额,按电机重量划分定额子目;小型电机干燥定额,按电机功率划分定额子目。

四、电缆敷设

(1)电缆敷设根据所适应电压(kV)不同、用途不同,应分别套用不同定额。

电力电缆敷设定额按三芯(包括三芯连地)考虑的,线芯多会增加工作难度,故五芯电力电缆敷设按同截面电缆定额乘以系数 1.3,六芯电力电缆敷设按四芯截面电缆定额乘以系数 1.6,每增加一芯定额增加 30%,依次类推。

截面面积为 400~800 mm² 的单芯电力电缆敷设按 400 mm² 电力电缆项目执行;

截面面积为 800~1000 mm² 的单芯电力电缆敷设按 400 mm² 电力电缆(四芯)定额乘以系数 1.25。

(2)电缆敷设定额及其相配套的定额中均未包括主材(又称装置性材料),另按设计和工程量计算规则加上定额规定的损耗率计算主材费用。

计算电缆主材时,定额内无定额含量时,应查损耗系数表来计算确定。

五、电缆头制作安装

(1)电缆终端头及中间接头部分制作安装分别套用定额,按制作方法、电压等级及电缆单芯截面规格的不同划分定额子目。

(2)电力电缆头定额均按铝芯电缆考虑,铜芯电力电缆头按同截面电缆头定额乘以系数 1.2。双屏蔽电缆头制作、安装,按同截面电缆头定额人工乘以系数 1.05。

(3)电缆头制作安装的定额中已包括了焊接(压接)接线端子的工作内容,不应重复计算。

(4)截面 240 mm² 以上的电缆头的接线端子为异形端子,需要单独加工,应按实际加工价格计算。

(5)单芯电缆头制作安装按同电压同截面电缆头制作安装定额乘以系数 0.5,五芯以上电缆头制作安装按每增加一芯定额增加系数 25%。

六、电缆保护管

电缆保护管应区分不同的材质套用定额,当电缆保护管为 φ100 以下的钢管时,执行配管配线有关项目。

七、电动机调试

电动机调试分为普通小型直流电动机调试,可控硅调速直流电动机系统调试,普通交流同步电动机调试,低压或高压交流异步电动机调试,交流变频调速电动机调试,微型电动机、电加热器调试等项目。

(1) 微型电动机调试功率在 0.75 kW 以下的小型交、直流电动机,不分类别,一律执行微型电动机综合调试定额。单相电动机,如风机盘管、排风扇、吊风扇等,不计算调试费。

(2) 低压交流异步电动机调试分别按控制保护类型划分定额子目。

(3) 普通电动机调试分别按电动机控制方式、功率、电压等级的不同划分定额子目。

八、送配电系统调试

送配电系统调试是定额 1 kV 以下交流供电设备系统调试。该子目适用于各种低压供电回路的系统调试,包括低压动力系统、交配电系统等。

九、实践环节　项目 4 车间电气动力工程预算编制实例

1. 项目 4 车间动力工程全部工程量计算

计算过程见表 4-5-1 工程量计算书。

表 4-5-1　工程量计算书

序号	工 程 名 称	单位	数量	计 算 公 式
一	控制设备等			
1	动力配电箱安装	台	1.00	
2	基础槽钢制作、安装	m	4.40	$(1.2+0.4)\times2+0.3\times4=4.4$
	未计价主材:20 号槽钢	m	4.62	4.4×1.05(主材损耗系数)$=4.62$
				3.5 元/kg$\times22.63$kg/m≈79.21 元/m
3	电机检查接线	台	8.00	
4	电动机调试	台	8.00	
5	送配电系统调试	系统	1.00	

序号	工程名称	单位	数量	计算公式
二	电缆支持体			
1	钢管暗配 DN50	m	2.99	1.0(室外)+0.24(墙厚)+0.4/2(一半箱厚)+0.9(直埋沟深)+0.35(室内外高差)+0.3(箱槽钢基础)=2.99
2	钢管暗配 DN25	m	24.74	
	N1	m	3.73	
	水平长度	m	2.78	2.78(配电箱至设备1)
	垂直长度	m	0.95	0.2×2(两端埋地深)+0.25(设备端出地面)+0.3(箱槽钢基础)=0.95
	N2	m	5.29	
	水平长度	m	4.34	4.34(配电箱至设备2)
	垂直长度	m	0.95	0.2×2(两端埋地深)+0.25(设备端出地面)+0.3(箱槽钢基础)=0.95
	N3	m	8.87	
	水平长度	m	7.92	7.92(配电箱至设备3)
	垂直长度	m	0.95	0.2×2(两端埋地深)+0.25(设备端出地面)+0.3(箱槽钢基础)=0.95
	N4	m	6.85	
	水平长度	m	5.90	5.9(配电箱至设备4)
	垂直长度	m	0.95	0.2×2(两端埋地深)+0.25(设备端出地面)+0.3(箱槽钢基础)=0.95
3	钢管暗配 DN20	m	24.74	
	N5	m	6.85	
	水平长度	m	5.90	5.9(配电箱至设备5)
	垂直长度	m	0.95	0.2×2(两端埋地深)+0.25(设备端出地面)+0.3(箱槽钢基础)=0.95
	N6	m	8.87	
	水平长度	m	7.92	7.92(配电箱至设备6)

序号	工程名称	单位	数量	计算公式
	垂直长度	m	0.95	0.2×2(两端埋地深)＋0.25(设备端出地面)＋0.3(箱槽钢基础)＝0.95
	N7	m	5.29	
	水平长度	m	4.34	4.34(配电箱至设备7)
	垂直长度	m	0.95	0.2×2(两端埋地深)＋0.25(设备端出地面)＋0.3(箱槽钢基础)＝0.95
	N8	m	3.73	
	水平长度	m	2.78	2.78(配电箱至设备8)
	垂直长度	m	0.95	0.2×2(两端埋地深)＋0.25(设备端出地面)＋0.3(箱槽钢基础)＝0.95
三	电缆敷设			
1	动力线路　BV-4 mm²	m	162.96	
	N1	m	30.92	[3.73＋1.0(电机预留线)＋(1.2＋1.8)(配电柜预留线)]×4＝30.92
	N2	m	37.16	[5.29＋1.0＋(1.2＋1.8)]×4＝37.16
	N3	m	51.48	[8.87＋1.0＋(1.2＋1.8)]×4＝51.48
	N4	m	43.40	[6.85＋1.0＋(1.2＋1.8)]×4＝43.40
2	动力线路　BV-2.5 mm²	m	162.96	
	N5	m	43.40	[6.85＋1.0(电机预留线)＋(1.0＋2.0)(配电柜预留线)]×4＝43.40
	N6	m	51.48	[8.87＋1.0＋(1.2＋1.8)]×4＝51.48
	N7	m	37.16	[5.29＋1.0＋(1.2＋1.8)]×4＝37.16
	N8	m	30.92	[3.73＋1.0＋(1.2＋1.8)]×4＝30.92
3	无端子外部接线			
	4 mm²	个	32.00	N1-N4:4×4×2＝32
	2.5 mm²	个	32.00	N5-N8:4×4×2＝32
	汇总			
1	钢管			
	DN50	m	2.99	
	DN25	m	24.74	
	DN20	m	24.74	
2	动力线路			
	BV-4 mm²	m	162.96	
	BV-2.5 mm²	m	162.96	

2. 工程量横单

工程量横单如表 4-5-2 所示。

表 4-5-2　工程量横单

序号	工程名称	定额单位	数量
1	落地式配电箱安装	台	1.00
2	基础槽钢制作、安装	10 m	0.44
3	电机检查接线	台	8.00
4	电动机调试(刀开关控制)	台	8.00
5	1 kV 以下送配电系统调试	系统	1.00
6	钢管暗配 DN50	100 m	0.03
7	钢管暗配 DN25	100 m	0.25
8	钢管暗配 DN20	100 m	0.25
9	管内穿线动力线路 BV-4 mm^2	100 m	1.56
10	管内穿线动力线路 BV-2.5 mm^2	100 m	1.56
11	无端子外部接线 4 mm^2	10 个	3.20
12	无端子外部接线 2.5 mm^2	10 个	3.20

3. 套用定额，计算分部分项工程费用

分部分项工程费用计算表如表 4-5-3 所示。

表 4-5-3　分部分项工程费用计算表

定额编号	定额名称	定额单位	主材定额含量	数量	综合单价 基价	综合单价 其中人工费	合价 基价	合价 其中人工费	主材单价	主材合价
4-266	落地式配电箱安装	台		1.00	418.96	205.72	418.96	205.72		
4-456	基础槽钢制作、安装	10 m		0.44	230.31	116.92	101.34	51.44		
	20 号槽钢	m		4.62					79.21	365.95
4-538	电机检查接线	台		8.00	285.75	145.04	2286.00	1160.32		
	金属软管活接头 φ25	套		2.04					15.50	31.62
	金属软管 φ25	m		1.25					85.00	
4-606	电动机调试(刀开关控制)	台		8.00	292.44	147.84	2339.52	1182.72		
4-1821	1 kV 以下送配电系统调试	系统		1.00	628.47	369.60	628.47	369.60		
4-1134	钢管暗配 DN50	100 m		0.03	2370.47	1133.68	71.11	34.01		
	钢管 DN50	m	103	3.09					21.96	67.86

定额编号	定额名称	定额单位	主材定额含量	数量	综合单价		合价		主材单价	主材合价
					基价	其中人工费	基价	其中人工费		
4-1131	钢管暗配 DN25	100 m		0.25	1570.51	819.92	392.63	204.98		
	钢管 DN25	m	103	25.75					10.89	280.42
4-1130	钢管暗配 DN20	100 m		0.25	1403.13	711.88	350.78	177.97		
	钢管 DN20	m	103	25.75					7.34	188.88
4-1386	管内穿线 动力线路 BV-4 mm^2	100 m		1.56	81.59	42.18	127.28	65.80		
	电线 BV-4 mm^2	m	105	163.80					2.74	448.81
4-1385	管内穿线 动力线路 BV-2.5 mm^2	100 m		1.56	75.69	39.96	118.08	62.34		
	电线 BV-2.5 mm^2	m	105	163.80					1.72	281.74
4-413	无端子外部接线 4 mm^2	10 个		3.20	42.88	17.02	137.22	54.46		
4-412	无端子外部接线 2.5 mm^2	10 个		3.20	36.09	12.58	115.49	40.26		
	小计						7086.88	3609.62		1665.28
第4册说明	单项措施项目:脚手架搭拆费（按人工费的 4% 计算，其中工资占 25%）						144.38	36.10		
	合计						7231.26	3645.72		1665.28

4. 工程造价计价程序

略。

5. 预算编制说明

略。

6. 封面

略。

住宅楼防雷接地工程预算编制

住宅楼防雷接地工程施工图如图 5-0-1 所示。

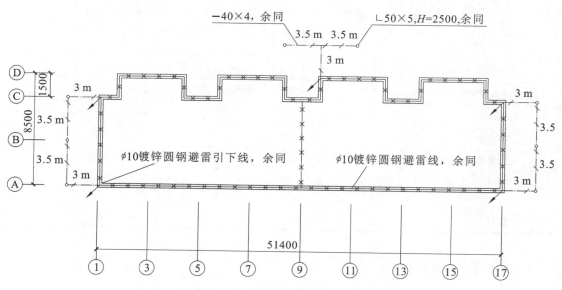

图 5-0-1 住宅楼防雷接地工程施工图

具体的施工图说明如下。

某六层住宅楼防雷接地平面布置如图 5-0-1 所示,层高 2.9 m,避雷网沿屋顶女儿墙四周敷设,⑨轴沿混凝土块敷设,女儿墙高度为 0.6 m,室内外高差为 0.45 m。避雷引下线在屋面共有 5 处,沿外墙引下,并在距室外地坪 0.5 m 处设置断接卡子,在距建筑物 3 m 处设置长 2.5 m、型号为 L50×5 的角钢接地极,打入地下 0.8 m,土壤为普通土。编制该住宅楼防雷接地工程预算书。

单元 *5.1* 防雷接地工程基础知识

【能力目标】
能够分析防雷接地工程系统的结构组成。

【知识目标】
掌握防雷接地工程系统的构成。

防雷及接地装置分为两大类,即建筑物、构筑物的防雷接地,变配电站接地、车间设备接地。

一、建筑防雷接地系统组成

为把雷电流迅速导入大地以防止雷电危害为目的的接地称为防雷接地。防雷接地工程由接闪器或避雷器、引下线、接地装置三部分组成,如图 5-1-1 所示。

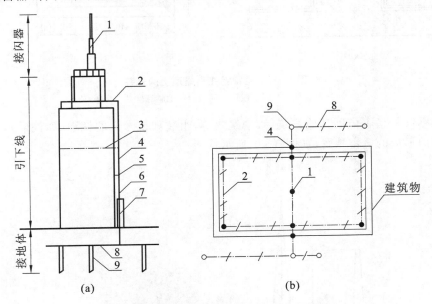

图 5-1-1 建筑物防雷接地装置组成示意图
1—避雷针;2—避雷网;3—均压环;4—引下线;5—引下线卡子;6—断接卡子;
7—引下线保护管;8—接地母线;9—接地极

1. 接闪器

接闪器是专门用于接受直击雷闪的金属导体,有避雷针、避雷带或避雷网、避雷线等。

（1）避雷针　接闪的金属杆称为避雷针。一般用镀锌圆钢或镀锌焊接钢管制成。

对于高大和主要的建筑物，有时避雷针需要直接安装在建筑物、支柱等的顶上，避雷针在平屋顶上的安装如图 5-1-2 所示。

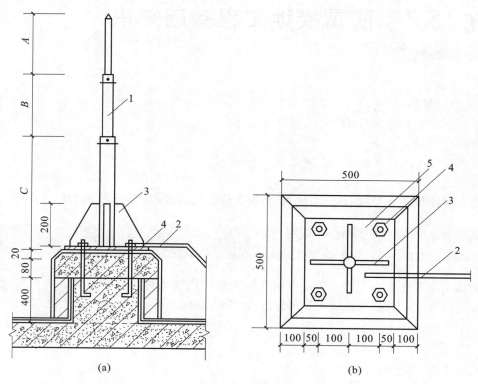

图 5-1-2　避雷针在平屋顶上的安装

1—避雷针；2—引下线；3—筋板；4—地脚螺栓；5—底板

独立避雷针是指不借助其他建筑物、构筑物等，组装架设专门的杆塔（如铁塔），并在其上部安装接闪器而形成的避雷装置，如图 5-1-3 所示。

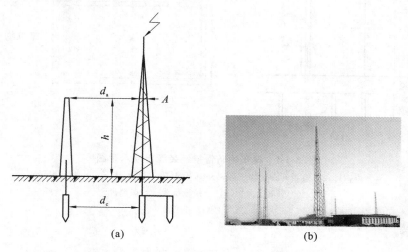

图 5-1-3　独立避雷针示意图及实物图

安装独立避雷针的原因是为防止(或降低)避雷针遭雷击时对被保护物反击放电的概率,也因为这个原因一般建议独立避雷针采用与被保护物相分离的独立接地装置。如在空旷田野中的大型变配电站四周架设的避雷针就属于独立避雷针。

(2)避雷带或避雷网　接闪的金属网或金属网称为避雷网或避雷带。避雷网或避雷带一般安装在较高的建筑物、构筑物上。避雷带一般沿着屋顶周围装设,如果屋面面积较大,必要时纵横联成网状,成为避雷网。避雷网或避雷带一般采用圆钢或扁钢制成。

(3)避雷线　避雷线通常架设在架空线路的顶部,用以保护线路免遭雷击。

避雷器是用来防止雷电沿架空线路侵入变电站等建筑物内。

2. 引下线

引下线是连接接闪器与接地装置的金属导体,一般采用圆钢或扁钢,用于向下传送闪电电流。通常由引下线、引下线卡子、断接卡子、引下线保护管等组成独立引下线,或由柱内主筋作为引下线和断接卡子组成。

3. 接地装置

金属导体与土壤之间的良好电气连接,称为接地。接地的作用是向大地传输雷击电流,把雷击电流有效地泄入大地。

接地装置是指埋入土壤或混凝土基础中起到散流作用的金属导体。广义的接地包括接地装置和接地装置周围的土壤。

接地装置分为自然接地装置和人工接地装置两种形式。自然接地装置是利用建筑物基础内的钢筋作为接地装置,由基础内主筋焊接形成,并与引下线可靠连接。人工接地装置是专门为接地而单独装设的装置,一般由接地极、接地母线组成。

① 接地极:与土壤直接接触的金属导体,称为接地极。接地极一般是将型钢或钢管打入地下形成有效接地。接地极可采用钢管、角钢,一般多使用角钢。接地极长度一般为 2.5 m,埋设深度一般不小于 0.7 m(不得小于当地冻土层深度)。接地极应采用镀锌材料。

② 接地母线:引下线与接地极的连接,接地极与接地极之间的连接,使用的是接地母线。

防雷接地系统的各部分应进行可靠连接,形成闭合回路,以便有效地保护建筑物。

接地母线一般采用镀锌或涂防腐漆的扁钢、圆钢。接地极与接地母线的连接处应涂防腐漆。一般情况下尽量采用自然接地装置,人工接地装置作为补充,外形尽可能采用闭合环形。

均压环是高层建筑物利用圈梁内的水平钢筋或单独敷设的扁钢与引下线可靠连接形成的,用于降低接触电压,以防止侧向雷击。一般情况下,当建筑物高度超过 30 m 时,在建筑物的侧面,从 30 m 高度算起,每向上三层,应沿建筑物四周在结构圈梁内敷设均压环(型号为—25×4 扁钢)并与引下线连接,30 m 及以上外墙上的栏杆及金属门窗等较大的金属物应与均压环或引下线连接,30 m 以下每三层利用结构圈梁中的水平钢筋为均压环与引下线可靠焊接。所有引下线、建筑物内的金属结构、金属物体等与均压环连接,形成等电位。

二、变配电站接地、车间设备接地

为保证电气设备的安全运行,防止漏电,电气设备及相关金属部分均应接地。变配电站接地、车间设备接地是由引下线、接地装置两部分组成。

单元 5.2 建筑防雷接地施工图识读

【能力目标】

能够读懂简单的防雷工程图纸。

【知识目标】

掌握识读简单防雷工程施工图的方法。

识读项目5——住宅楼防雷接地工程图纸如下。

根据前面所学习的防雷接地工程的组成,结合本住宅楼防雷接地工程,可以看出,本工程也是由接闪器、引下线、接地装置三部分组成,具体内容如下。

(1) 该住宅楼防雷接地工程的接闪器的形式是避雷网。避雷网由避雷线和支持卡子组成,避雷线采用 $\phi 10$ 镀锌圆钢,支持卡子埋设于女儿墙上,沿屋面女儿墙上四周敷设。另外建筑物⑨轴的支持卡子埋设于混凝土支座上,避雷线是沿混凝土块敷设。

(2) 避雷引下线在屋面共有 5 处,沿外墙引下,并在距室外地坪高 0.5 m 处设置断接卡子,与接地母线连接。该工程的避雷引下线属于单独设置的独立引下线,引下线采用 $\phi 10$ 镀锌圆钢。

(3) 接地装置是由接地极和接地母线组成。在距建筑物外墙皮 3 m 处设置长 2.5 m 的角钢接地极,采用 L50×5 的角钢,打入地下 0.8 m 深。土壤为普通土。接地极共有 9 根,分为 3 组,每组有 3 根接地极,每组接地极之间、接地极与引下线之间都用接地母线连接,接地母线采用型号为—40×4 的镀锌扁钢。

单元 5.3 建筑防雷接地系统工程量计算

【能力目标】

能够根据防雷工程的工程量计算规则计算该住宅防雷工程工程量。

【知识目标】

通过该工程,掌握防雷工程的工程量计算规则。

一、接闪器

1. 避雷针

避雷针安装有四种形式:安装在烟囱上、安装在建筑物上、安装在金属容器及构筑物上以及独立式避雷针。

工程量计算规则如下。

(1) 避雷针加工制作　普通避雷针制作,以"根"为计算单位,按避雷针针长的不同,分别执行避雷针制作定额。独立避雷针制作,按施工图设计规格、尺寸进行计算,以"kg"为计算单位,执行"一般铁构件"制作定额。

(2) 避雷针安装　普通避雷针安装按安装部位、安装高度以及避雷针针长的不同划分定额子目,分别以"根"为计算单位;独立避雷针安装按针长划分定额子目,以"基"为计算单位。

2. 避雷网(带)

当避雷带形成网状时就称为避雷网,避雷网用于保护建筑物屋顶水平面不受雷击。避雷网(带)在拐弯处做法如图5-3-1所示。

一般采用镀锌圆钢或扁钢制成,圆钢直径≥8 mm,扁钢截面积≥48 mm²,厚度≥4 mm。避雷网(带)由避雷线和支持卡子组成,支持卡子常埋设于女儿墙上或混凝土支座上,避雷网(带)水平敷设时,支持卡子间距为1.0~1.5 m,转弯处为0.5 m。

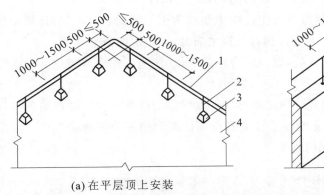
(a) 在平层顶上安装

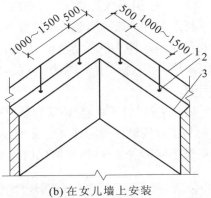
(b) 在女儿墙上安装

图 5-3-1　避雷网(带)在拐弯处做法

1—避雷带;2—支架;3—支座;4—平屋面;5—女儿墙

(1) 避雷网(带)安装　有沿混凝土块敷设和沿折板支架敷设两项定额,均以"m"为计算单位,已包括了支持卡子的制作与埋设,但其工程量要考虑附加长度,计算式为:

$$避雷网(带)长度(m)=按图示尺寸计算的长度(m)×(1+3.9\%)$$

式中:3.9——避雷网(带)转弯、上下波动、避绕障碍物、搭接头等所占的长度,常称为附加长度。

(2) 混凝土块制作　以"块"为计算单位,混凝土块数量按施工图图示数量计算,施工图没明确标示时,按支持卡子的数量考虑。

3. 均压环

工程量计算规则如下。

(1)利用建筑物圈梁内主筋作为均压环时,以"m"为计算单位,其长度根据施工图设计按需要作为均压接地的圈梁中心线长度以延长米计算,定额按焊接 2 根主筋考虑,当实际超过 2 根时,可按比例调整。执行"均压环敷设/利用圈梁钢筋"定额。

(2)单独用扁钢、圆钢明敷作为均压环时,以"m"为计算单位,可执行"户内接地母线敷设"定额,长度需另计 3.9% 的附加长度,其工程量计算式为:

$$均压环长度(m)=按图示尺寸计算的长度(m)×(1+3.9\%)$$

二、引下线

避雷引下线是从避雷接闪器向下沿建筑物、构筑物和金属构件引下来的防雷线。

引下线一般采用扁钢或圆钢制作,也可以利用建(构)筑物本体结构中的配筋、扶梯等作为引下线。引下线在 2 根及以上时,需要在距地面 0.3~1.8 m 处作断接卡子,供测量接地电阻使用,独立引下线从断接卡子往下部分为接地母线,需要用套管进行保护。

工程量计算规则如下。

(1)用圆钢或扁钢作引下线时,以"m"为计算单位。引下线安装定额已包括了支持卡子的制作与埋设,长度需另计 3.9% 的附加长度,其工程量计算式为:

$$引下线长度(m)=按图示尺寸计算的长度(m)×(1+3.9\%)$$

(2)利用建(构)筑物的金属构件或建筑物柱内主筋作为引下线时,以"m"为计算单位。定额按每根柱子内焊接 2 根主筋考虑,当实际超过 2 根主筋时,可按比例调整。

(3)断接卡子(测试卡子)制作、安装,以"套"为计算单位,按施工图设计规定装设的断接卡子数量计算。

(4)柱内主筋(引下线)与圈梁钢筋(均压环)焊接,以"处"为计算单位。柱内主筋与圈梁钢筋连接的"处"数按设计规定计算。每处按 2 根主筋与 2 根圈梁钢筋分别焊接考虑。如果焊接主筋和圈梁钢筋超过 2 根时,可按比例调整。

三、接地装置

接地装置由接地母线、接地极组成。接地极一般采用钢管、角钢、圆钢、铜板、钢板制作,也可利用建筑物基础内的钢筋或其他金属结构物。

1. 接地极(板)制作、安装

工程量计算规则如下。

(1)单独接地极制作、安装,钢管、角钢、圆钢接地极安装工程量以"根"为计量单位,其长度按设计长度计算,设计无规定时,每根长度按 2.5 m 计算,并区分普通土、坚土分别套用定额。

(2) 利用基础钢筋或其他金属结构物作为接地极时,注意应从引下线某高度或断接卡子处预留户外接地母线,材料为圆钢或扁钢,若测试电阻达不到设计要求时,即从预留的接地母线末端补打人工接地极,接地母线埋设深度根据设计要求,其长度一般引出建筑物之外 1.0 m 或采用标准图集。

利用基础钢筋作为接地极,各地已经补充了相应定额,按基础尺寸计算面积,以"m²"为计算单位,可按满堂基础、带形基础考虑。如果没有相应定额,可借鉴"利用建筑物柱内主筋作引下线"的定额,以"m"为计算单位,定额按每根柱子内焊接 2 根主筋考虑。

2. 接地母线敷设

工程量计算规则如下。

接地母线通常采用扁钢或圆钢制作,以"m"为计算单位,定额中已经包括地沟的挖填和开实工作。接地母线一般从断接卡子所在高度为计算起点,算至接地极处,另计 3.9% 的附加长度。其工程量计算式如下:

$$接地母线长度(m) = 按图示尺寸计算的长度(m) \times (1 + 3.9\%)$$

3. 接地跨接线安装

接地跨接线是指接地母线遇障碍时,需跨越而设置的连接线,或利用金属构件、金属管道作为接地线时需要焊接的连接线。接地跨接线一般出现在建筑物伸缩缝、沉降缝处,吊车钢轨作为接地线时钢轨与钢轨的连接处,通风管道法兰连接处,防静电管道法兰盘连接处等。

金属管道通过箱、盘、盒等断开点焊接的连接线,线管与线管连接处的连接线,均已经包括在箱、盘、盒等的安装定额、配管定额中,不得再算为跨接线。

工程量计算规则如下。

(1) 接地跨接线,以"处"为计算单位。工程量是每跨越一次计算一处。

(2) 钢窗、铝窗接地,以"处"为计算单位。工程量应按施工图设计规定接地的金属窗数量进行计算。

(3) 构架接地,以"处"为计算单位。

4. 接地装置、避雷器的调试

(1) 接地装置调试 定额分为独立接地装置调试和接地网调试两种项目。工程量按施工图图示数量计算,独立接地装置调试以"组"为计算单位,接地网调试以"系统"为计算单位。

① 接地装置调试,按施工图设计接地极组数计算,连成一体的接地极以 6 根以内为一组计算。接地电阻未达到要求时,增加接地极后需再做试验,可另计一次调试费。

② 接地网是由多根接地极连接而成的,有时是由若干组构成大接地网,一般分网可由 10～20 根接地极构成。在实际工作中,如果按分网计算有困难,可按网长每 50 m 为一个试验单位,不足 50 m 也可按一个网计算工程量。设计有规定的可按设计数量计算。

(2) 避雷器调试按电压等级的不同,以"组"为计算单位,避雷器每三相为一组。

四、实践环节 项目5 住宅楼防雷及接地工程工程量计算

住宅楼防雷及接地工程工程量计算过程如表 5-3-1 所示。

表 5-3-1 工程量计算书

序号	分部分项工程名称	单位	工程量	计 算 式
1	避雷网沿屋面女儿墙四周支持卡子敷设 $\phi10$	m	133.8	51.4×2(A轴、D轴全长)$+1.5\times8$(D轴凹凸部分)$+7\times2$(①轴、17轴全长)$=128.8$ $128.8\times(1+3.9\%)\approx133.8$
2	避雷网沿混凝土块支持卡子敷设 $\phi10$	m	8.5	$(8.5-1.5)$(⑨轴全长—凹凸部分)$+0.6\times2$(女儿墙)$=8.2$ $8.2\times(1+3.9\%)\approx8.5$
3	混凝土块制作	块	7	7块(按直线长度 1—1.5 m/1 块考虑)
4	断接卡子制作安装	套	5	5
5	避雷引下线的敷设 $\phi10$	m	93.25	$((2.9\times6+0.6)$(楼总高)$+0.45$(室内外商差)-0.5(断接点距室外地坪高))$\times5$(根数)$=89.75$ $89.75\times(1+3.9\%)\approx93.25$
6	接地母线敷设—40×4	m	44.2	$[3$(距墙)$+0.8$(埋深)$+0.5$(断接点距室外地坪高)$]\times5$(5 处)$+3.5$(地极间距)$\times6$(6 段)$=42.5$ $42.5\times(1+3.9\%)\approx44.2$
7	接地极制作安装 $50\times5\times2500$	根	9	9
8	接地装置调试	组	3	3

单元 5.4 工程定额套用及工程造价的确定

【能力目标】

能够根据《江苏省安装工程计价定额》(2014 版)第 4 册套相应定额,并计算分部分项工程费用。

【知识目标】

熟悉《江苏省安装工程计价定额》(2014 版)第 4 册防雷工程定额相关内容。

一、防雷工程安装定额套用有关规定

（1）本部分定额适用于建筑物、构筑物的防雷接地，变配电系统接地，设备接地以及避雷针的接地装置。

（2）户外接地母线敷设定额是按自然地坪和一般土质综合考虑的，包括地沟的挖填土和夯实工作。执行定额时不应再计算土方量。如遇有石方、矿渣、积水、障碍物等情况时可另行计算。

（3）定额不适用于采用爆破法施工敷设接地线、安装接地极，也不包括高土壤电阻率地区采用换土或化学处理的接地装置及接地电阻的测定工作。

（4）避雷针的安装、半导体少长针消雷装置的安装均已考虑了高空作业的因素。

（5）独立避雷针的加工制作执行本册"一般铁构件"制作定额。

（6）防雷均压环安装定额是按利用建筑物圈梁内主筋作为防雷接地连接线考虑的。如果采用单独扁钢或圆钢明敷作为均压环时，可执行"户内接地母线敷设"定额。

（7）利用铜绞线作为接地引下线时，配管、穿铜绞线执行第4册第十一章中同规格的相应项目。

二、实践环节 项目5——住宅楼防雷工程定额套用

住宅防雷工程分部分项工程费计算表如表5-4-1所示。

表 5-4-1 住宅防雷工程分部分项工程费计算表

定额编号	定 额 名 称	定额单位	主材消耗量	数量	综合单价 综合单价	综合单价 其中人工费	合价 合价	合价 其中人工费	主材单价	主材合价
4-919	避雷网沿屋面四周支持卡子敷设 φ10	10 m		13.38	304.88	172.42	4 079.29	2 306.98		
主材	圆钢 φ10	m	10.5	140.49					2.78	390.07
4-918	沿混凝土块敷设 φ10	10 m		0.85	115.37	61.42	98.06	52.21		
主材	圆钢 φ10		10.5	8.93					2.78	24.78
4-920	混凝土块制作	10 块		0.70	53.80	25.90	37.66	18.13	0.00	0.00
4-964	断接卡子制作安装	10 套		0.50	361.85	203.50	180.93	101.75		
4-914	避雷引下线的敷设 φ10	10 m		9.33	151.47	81.40	1 413.22	759.46	0.00	0.00
4-899	接地极制作安装 L50×5×2500	根		9.00	72.52	39.96	652.68	359.64		
主材	角钢 L50×5×2500	m	2.625	23.63					16.97	400.80

续表

定额编号	定额名称	定额单位	主材消耗量	数量	综合单价 综合单价	综合单价 其中人工费	合价 合价	合价 其中人工费	主材单价	主材合价
4-906	接地母线敷设—40×4	10 m		4.42	271.56	175.38	1 200.30	775.18		
主材	扁钢—40×4	m	10.5	46.41					5.67	263.14
4-1857	接地装置调试	组		3.00	279.77	147.84	839.31	443.52	0.00	0.00
	分部分项工程费用合计						8 501.45	4 816.87		1 078.79
	单项措施项目:									
第4册说明	脚手架搭拆费（按人工费的4%计算,其中人工工资占25%）						140.65	35.16		
	单项措施项目小计						140.65			
	合计						8 642.10	4 852.03		1 078.79

工程造价计价程序:略。

预算编制说明:略。

练习与提高

　　下面是一套完整的"办公楼防雷工程"图纸(见图 5-5-1 至图 5-5-3)。根据前面所学的知识,编制该安装工程的施工图预算。

防雷说明

(1) 本建筑按三类防雷建筑物设计防雷，利用建筑物金属构件做防雷装置，并采取相应的防直击雷和防雷电波侵入措施。

(2) 利用 "▣" 处的柱内两根直径 $\geqslant \phi 16$ 的主钢筋作防雷引下线，主钢筋之间必须通长焊接，焊缝长度 $\geqslant 100$ mm，钢筋上端露出屋面 150 mm 与避雷带焊接，钢筋下端伸至基础终端，并与桩基内钢筋焊接，此外每处引下线还需作如下处理。

①在室外距地面 0.5 m 处，室内各层距地平 0.5 m 及图示处预埋连接板（供测量和作等电位连接用），引下线（两根主钢筋）必须与连接板可靠焊接，土建预埋连接板时应设有明显标志，连接板作法见图集 99D501-1-2-21~23。

②在每根外墙处引下线距室外地坪 -1.0 m 处焊出一根 40 mm×4 的镀锌扁钢与室外接地装置可靠焊接，引下线（两根主钢筋）必须与扁钢可靠焊接，做法见标准图集 99D501-1-2-41。

③楼板内最上层钢筋绑扎或焊接成闭合回路与所有引下线（两根主钢筋）可靠焊接；基础及每层，圈梁外侧需有两根直径 $\geqslant \phi 10$ 的主钢筋圈周焊接，焊缝长度 $\geqslant 100$ mm，并与所有引下线（两根主钢筋）可靠焊接。

④利用基础内的钢筋作自然接地体，基础内的钢筋应焊接成电气通路（见基础接地平面布置图），并与所有引下线（柱内所有作引下线的主钢筋）可靠焊接，具体做法见标准图集 99D501-1-2-39~42。每根引下线的冲击接地电阻 <1 Ω，安装实测后如果接地电阻 >1 Ω 必须增加人工接地体，接地板间距 $\geqslant 5$ m，埋深 $\geqslant 1$ m，且在冻土层以下，并与引下线在 -1.0 m 处焊出的 40 mm×4 镀锌扁钢可靠焊接。

(3) 在建筑物的配电室内应作总等电位连接，在浴室和集控室做局部等电位连接，具体作法见标准图集 99D501-1-1 及 02D501-2，并在图示位置预留等电位接线盒，作法见标准图集 03D501-2-23~33，局部等电位应与总等电位连接，等电位接线盒与接地装置的连接不应少于两处。

(4) 避雷带支架按防雷平面布置图沿避雷带走向预留，间距 1 m，转弯处间距 0.5 m，高出预埋点 150 mm，外圈避雷带距屋檐 100 mm，避雷带焊于支架上，屋顶不同位置的避雷带支架预埋方法应按标准图集 99D501-1-2-8~14 进行施工。不同标高的避雷带必须互相连通，其连接线可利用柱内两根直径 $\geqslant \phi 16$ 的主钢筋，钢筋上端露出上层屋面 150 mm 与避雷带焊接，钢筋下端距下层屋顶 200 mm 处焊出 200 mm 的钢筋露头并与下层屋顶避雷带可靠焊接，也可用 40 mm×4 的镀锌扁钢沿墙明敷，扁钢固定间距 1.5 m，避雷带在穿越变形缝时要进行技术处理，具体做法见标准图集 99D501-1-2-27。

(5) 防雷接地与其他接地共用一套接地装置，并与 2 m 内埋地金属管道相连。

(6) 架空或直埋进出建筑物的所有金属管道、电缆金属外皮、桥架等，应在进出处与防雷接地装置连接，做法见标准图集 99D501-1-1-15。对架空进出的长金属物尚应在距建筑物约 25 m 处接地一次，其接地电阻 <10 Ω。

(7) 金属构件之间的连接均采用焊接，焊缝长度应符合规程有关要求。

(8) 所有防雷材料均需热镀锌，焊接局部均应做防锈、防腐处理。

(9) 所有预埋工程及所需梁柱内钢筋焊接、钢筋与连接板、扁钢焊接等均需电气安装人员配合土建工程严格施工。

符　　号	意　　义
LEB	局部等电位接线盒
MEB	总等电位接线盒
——————	接地线
×—×—×—×—×	避雷带
▲	保护接地柱内钢筋引下线(保护接地用)
▣	防雷柱内钢筋引下线(见说明)

防雷图例

图 5-5-1　防雷说明及图例

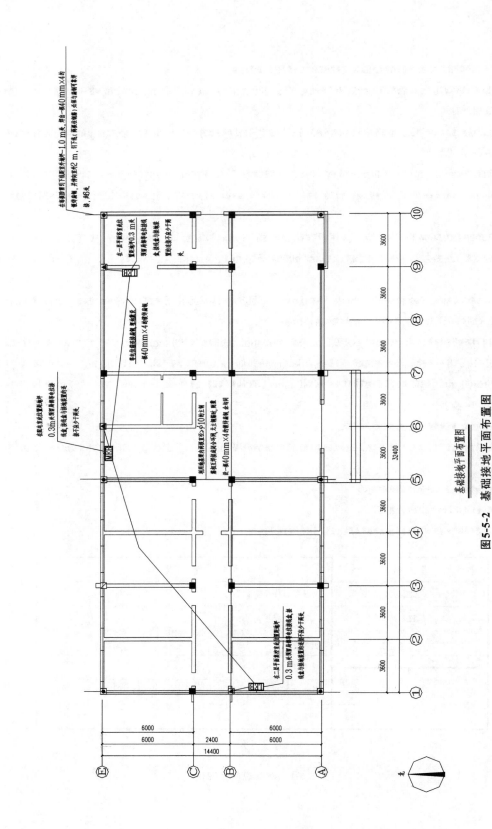

基础接地平面布置图

基础接地平面布置图

图5-5-2

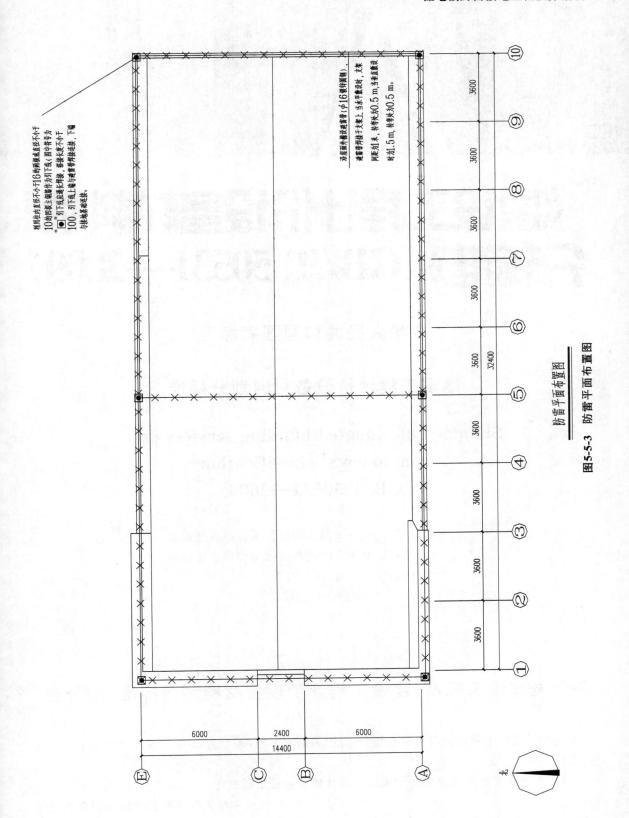

防雷平面布置图

图5-5-3 防雷平面布置图

附录 A

《建设工程计价设备材料划分标准》(GB/T 50531—2009)

中华人民共和国国家标准

建设工程计价设备材料划分标准

Standard of valuated building services and
components' classification

GB/T 50531—2009

主编部门：中华人民共和国住房和城乡建设部
批准部门：中华人民共和国住房和城乡建设部
施行日期：2009 年 12 月 1 日
中国计划出版社

2009 北京

关于发布国家标准《建设工程计价设备材料划分标准》的公告

（第 387 号）

现批准《建设工程计价设备材料划分标准》为国家标准，编号为 GB/T 50531—2009，自 2009 年 12 月 1 日起实施。

本标准由我部标准定额研究所组织中国计划出版社出版发行。

中华人民共和国住房和城乡建设部
二○○九年九月三日

前　　言

本标准根据原建设部《关于印发〈2006年工程建设标准规范制订、修订计划(第二批)〉的通知》(建标[2006]136号)的要求,由国家建筑材料工业标准定额总站会同行业和地方有关工程造价管理机构共同完成。本标准是在国家有关设备材料划分资料的基础上,结合建设工程实际情况和各行业有关设备材料划分的规定制订的。

本标准共分4章,主要内容有:总则、术语、一般规定、设备材料划分分类。

本标准由住房和城乡建设部负责管理,由国家建筑材料工业标准定额总站负责具体技术内容的解释。

各有关单位在实施本标准过程中,请结合工程实际,注意积累资料,总结经验,如发现需要修改和补充之处,请将意见和有关资料寄交国家建筑材料工业标准定额总站。

目　　次

1　总　　则

1.0.1　为统一建设工程计价活动中的设备与材料合理划分,规范建设项目的工程计价,制定本标准。

1.0.2　本标准适用于建设项目在工程计价活动中设备材料的划分,以及设备材料费用的归类和计算。

1.0.3　设备材料划分是建设工程计价的基础,在编制工程造价有关文件时,应依据本标准的规定,对属于设备范畴的相关费用应列入设备购置费,对属于材料范畴的相关费用应按专业分类分别列入建筑工程费或安装工程费。

1.0.4　各专业部门或行业可依据本标准,在不违反本标准设备材料划分原则和分类的前提下,对专业工程的设备材料划分进行具体的分类规定。

1.0.5　工程造价文件的编制涉及设备材料划分时,除应遵循本标准外,尚应符合国家现行的有关标准的规定。

2 术 语

2.0.1 设备 equipment

经过加工制造,由多种部件按各自用途组成独特结构,具有生产加工、动力、传送、储存、运输、科研、容量及能量传递或转换等功能的机器、容器和成套装置等。

2.0.2 建筑设备 building services

房屋建筑及其配套的附属工程中电气、采暖、通风空调、给排水、通信及建筑智能等为房屋功能服务的设备。

2.0.3 工艺设备 process equipment

为工业、交通等生产性建设项目服务的各类固定和移动设备。

2.0.4 标准设备 standard equipment

按国家或行业规定的产品标准进行批量生产并形成系列的设备。

2.0.5 非标准设备 nonstandard equipment

没有国家或行业标准。非批量生产的,一般要进行专门设计、由设备制造厂家特别制造或施工企业在工厂或施工现场进行加工制作的特殊设备。

2.0.6 工艺性主要材料 predominant process component

工业、交通等生产性工程项目中作为工艺或装置的主要材料,如:长输管道、长输电缆、长输光纤电缆,以及达到规定规格、压力、材质要求的阀门、器具等。

2.0.7 建筑构件 building component

为完成建筑、安装工程所需的,经过工业加工的原料和设备本体以外的零配件、附件、成品、半成品等。

3 一 般 规 定

3.1 设备材料划分原则

3.1.1 在划分设备与材料时,应根据其供货范围、特性等情况,以及本标准对设备、材料的定义分别确定,不应仅依据物品的品名而划分。

3.1.2 对于难以统一确定组成范围或成套范围的某些设备,应以制造厂的文件及供货范围为准。凡是设备制造厂的文件上列出的清单项目,且实际供应的,应属于设备范围。

3.1.3 设备应按生产和生活使用目的分为工艺设备和建筑设备;应按是否定型生产分为标准设备和非标准设备。

3.1.4 本标准所指的设备除包括建筑设备、工艺设备外,还包括工艺性主要材料。

3.1.5 设备的范围除应包括设备本体外,一般还应包括以下内容:

1 随设备购置的配件、备件等;

2 依附于设备或与设备成套的管、线、仪器仪表等;

3 附属于设备本体并随设备制造厂配套供货的梯子、平台、栏杆、防护罩等;

4 为设备检验、维修、保养、计量等要求随设备供货的专用设备、器具、仪器仪表等;

5 附属于设备本体并随设备订货的油类、化学药品、填料等材料。

3.1.6 工业、交通等生产性建设项目中的生产性建筑与非生产性建筑共用的建筑设备应纳入工艺设备。

3.1.7 依照本标准的有关规定,仍难以区分设备或材料的,凡非现场制作的可界定为设备,部分非现场制作而进行现场组装的应界定为设备,采购定型产品现场制作的可界定为材料。

3.2 设备材料费用归类与计算

3.2.1 在进行工程计价文件编制时,未明确由建设单位供应的设备,其中建筑设备费用应作为计算营业税、城乡建设维护税及教育费附加的基数;工艺设备和工艺性主要材料费用不应作为计算建筑安装工程营业税、城乡建设维护税及教育费附加的基数。明确由建设单位供应的设备,其设备费用不应作为计算建筑安装工程营业税、城乡建设维护税及教育费附加的基数。

3.2.2 进行工程计价时,凡属于设备范畴的有关费用均应列入设备购置费,凡属于材料范畴的有关费用可按专业类别分别列入建筑工程费或安装工程费。

3.2.3 工业、交通等项目中的建筑设备购置有关费用应列入建筑工程费。

3.2.4 单一的房屋建筑工程项目的建筑设备购置有关费用宜列入建筑工程费。

3.2.5 由于非设备供应厂家原因的设备不完整或缺陷而进行修复所发生的修理、配套、改造、检验费用应计入设备购置费。

4 设备材料划分分类

4.1 阶段通用安装工程设备材料划分

4.1.1 通用设备安装工程的类别应分为:机械设备工程,电气设备工程,热力设备工程,炉窑砌筑工程,静置设备及工艺金属结构制作工程,管道工程,电子信息工程,给排水及燃气、采暖工程,通风空调工程,自动化控制仪表工程。

4.1.2 通用设备安装工程设备材料划分应执行表4.1.1的具体规定。

表 4.1.1　通用设备安装工程设备材料划分

类别	设　　备	材　　料
机械设备工程	机加工设备、延压成型设备、起重设备、输送设备、搬运设备、装载设备、给料和取料设备、电梯、风机、泵、压缩机、气体站设备、煤气发生设备、工业炉设备、热处理设备、矿山采掘及钻探设备、破碎筛分设备、洗选设备、污染防治设备、冲灰渣设备、液压润滑系统设备、建筑工程机械、衡器、其他机械设备、附属设备等及其全套附属零部件	设备本体以外的行车轨道、滑触线、电梯的滑轨、金属构件等; 设备本体进、出口第一个法兰阀门以外的配管、管件、密封件等
电气设备工程	发电机、电动机、变频调速装置; 变压器、互感器、调压器、移相器、电抗器、高压断路器、高压熔断器、稳压器、电源调整器、高压隔离开关、油开关; 装置式(万能式)空气开关、电容器、接触器、继电器、蓄电池、主令(鼓型)控制器、磁力启动器、电磁铁、电阻器、变阻器、快速自动开关、交直流报警器、避雷器; 成套供应高低压、直流、动力控制柜、屏、箱、盘及其随设备带来的母线、支持瓷瓶; 太阳能光伏,封闭母线,35 kV 及以上输电线路工程电缆; 舞台灯光、专业灯具等特殊照明装置	电缆、电线、母线、管材、型钢、桥架、立柱、托臂、线槽、灯具、开关、插座、按钮、电扇、铁壳开关、电笛、电铃、电表; 刀型开关、保险器、杆上避雷针、绝缘子、金具、电线杆、铁塔、锚固件、支架等金属构件; 照明配电器、电度表箱、插座箱、户内端子箱的壳体; 防雷及接地导线; 一般建筑、装饰照明装置和灯具,景观亮化饰灯

续表

类别	设 备	材 料
热力设备工程	成套或散装到货的锅炉及其附属设备、汽轮发电机及其附属设备、热交换设备； 热力系统的除氧器水箱和疏水箱、工业水系统的工业水箱、油冷却系统的油箱、酸碱系统的酸碱储存槽； 循环水系统的旋转滤网、启闭装置的启闭机械、水处理设备	钢板闸门及拦污栅、启闭装置的启闭架等； 随锅炉墙砌筑时埋置的铸铁块、预埋件、挂钩、支架及金属构件等
炉窑砌筑工程	依附于炉窑本体的金属铸件、锻件、加工件及测温装置、仪器仪表、消烟、回收、除尘装置； 安置在炉窑中的成品炉管、电机、鼓风机、推动炉体的拖轮、齿轮等传动装置和提升装置； 与炉窑配套的燃料供应和燃烧设备； 随炉供应的金具、耐火衬里、炉体金属预埋件	现场砌筑、制作与安装用的耐火、耐酸、保温、防腐、捣打料、绝热纤维、白云石、玄武岩、金具、炉管、预埋填料等
静置设备及工艺金属结构制作工程	制造厂以成品或半成品形式供货的各种容器、反应器、热交换器、塔器、电解槽等非标设备； 工艺设备在试车必须填充的一次性填充材料、药品、油脂等	由施工企业现场制作的容器、平台、梯子、栏杆及其他金属构件等
管道工程	压力≥10 MPa，且直径≥600 mm 的高压阀门； 直径≥600 mm 的各类阀门、膨胀节、伸缩器； 距离≥25 km 金属管道及其管段、管件(弯头、三通、冷弯管、绝缘接头)、清管器、收发球筒、机泵、加热炉、金属容器； 各类电动阀门，工艺有特殊要求的合金阀、真空阀及衬特别耐磨、耐腐蚀材料的专用阀门	一般管道、管件、阀门、法兰配件及金属结构等
电子信息工程	雷达设备、导航设备、计算机信息设备、通信设备、音频视频设备、监视监控和调度设备、消防及报警设备、建筑智能设备、遥控遥测设备、电源控制及配套设备、防雷接地装置、电子生产工艺设备、成套供应的附属设备； 通信线路工程光缆	铁塔、电线、电缆、光缆、机柜、播头、播座、接头、支架、桥架、立杆、底座、灯具、管道、管件等； 现场制作安装的探测器、模块、控制器、水泵结合器等

续表

类别	设 备	材 料
给排水、燃气、采暖工程	加氯机、水射器、管式混合器、搅拌器等投药、消毒处理设备； 曝气器、生物转盘、压力滤池、压力容器罐、布水器、射流器、离子交换器、离心机、萃取设备、碱洗塔等水处理设备； 除污机、清污机、捞毛机等拦污设备； 吸泥机、撇渣机、刮泥机等排泥、撇渣、除砂设备，脱水机、压榨机、压滤机、过滤机等污泥收集、脱水设备； 开水炉、电热水器、容积式热交换器、蒸汽-水加热器、冷热水混合器、太阳能集热器、消毒器(锅)、饮水器、采暖炉、膨胀水箱； 燃气加热设备、成品凝水缸、燃气调压装置	设备本体以外的各种滤网、钢板闸门、栅板及启闭装置的启闭架等； 管道、阀门、法兰、卫生洁具、水表、自制容器、支架、金属构件等； 散热器具，燃气表、气嘴、燃气灶具、燃气管道和附件等
通风空调工程	通风设备、除尘设备、空调设备、风机盘管、热冷空气幕、暖风机、制冷设备； 订制的过滤器、消声器、工作台、风淋室、静压箱	调节阀、风管、风帽、散流器、百叶窗、罩类法兰及其配件，支吊架、加固框等； 现场制作的过滤器、消声器、工作台、风淋室、静压箱等
自动化控制仪表工程	成套供应的盘、箱、柜、屏及随主机配套供应的仪表； 工业计算机、过程检测、过程控制仪表，集中检测、集中监视与控制装置及仪表； 金属温度计、热电阻、热电偶	随管、线同时组合安装的一次部件、元件、配件等； 电缆、电线、桥架、立柱、托臂、支架、管道、管件、阀门等

4.2 运输和装运设备材料划分

运输和装运设备材料划分见表 4.2.1。

表 4.2.1 运输和装运设备材料划分

	设备	材料
车辆及装运设备	成套购置或组装的各类载客或运输车辆和随车辆购置的备胎、随车工具； 装载机、卸车装置、爬斗及其钢绳、滑轮； 振动给矿机、放矿闸门、前装机、挖掘机、推土机、犁土机； 翻车机、推车机、阻车器、摇台、矿车、电机车、爬车机、调度绞车、架空索道及其驱动装置	钢轨、道岔、车挡、滑触线，油料等
工业项目铁路专用线	机车车辆和随车辆购置的附件、随车工具； 集闭及微机联锁装置、各种盘箱	钢轨、道岔、滑触线、油料等； 线路工具、电瓷、电缆、道岔、量轨器等

本标准用词说明

1 为便于在执行本标准条文时区别对待，对要求严格程度不同的用词说明如下：

1）表示很严格，非这样做不可

正面词采用"必须"，反面词采用"严禁"；

2）表示严格，在正常情况下均应这样做的

正面词采用"应"，反面词采用"不应"或"不得"；

3）表示允许稍有选择，在条件许可时首先应这样做的

正面词采用"宜"，反面词采用"不宜"；

4）表示有选择，在一定条件下可以这样做的，采用"可"

2　条文中指明应按其他有关标准执行的，写法为："应符合……的规定"或"应按……执行"。

中华人民共和国国家标准
建设工程计价设备材料划分标准
GB/T 50531—2009

条 文 说 明

略。

制 订 说 明

本标准编制过程中，编制组进行了建设工程计价设备材料划分的调查研究，总结了我国工程建设计的实践经验，同时参考了国外先进技术法规、技术标准，取得了建设工程计价设备材料划分方面的重要技术参数。

为便于广大建设、设计、施工等单位有关人员在使用本标准时能正确理解和执行条文规定，《建设工程计价设备材料划分标准》编制组按章、节、条顺序编制了本标准的条文说明，对条文规定的目的、依据以及执行中需注意的有关事项进行了说明。但是，本条文说明不具备与标准正文同等的法律效力，仅供使用者作为理解和把握标准规定的参考。

目　　次

1 总 则

1.0.1 本条规定了本标准编制的目的。建设工程的设备与材料合理划分直接影响着建设工程的准确计价,本标准是在以往有关资料或待议文件,并综合工业和交通有关工程造价管理机构相关规定的基础上编制的,主要是为了统一建设工程计价文件编制时设备材料的归类,以及营业税、城乡建设维护税及教育费附加的计算口径。

1.0.2 本条文规定了设备材料划分的适用范围,强调本标准仅适用于建设项目工程计价过程中设备材料的划分及相关费用归类。

1.0.3 根据工程建设项目管理各阶段工程计价的需要,应按工程造价的构成分别将属于设备(含工艺性主要材料)的应计入设备购置费,属于建筑工程材料的计入建筑工程费,属于安装工程材料的计入安装工程费。

1.0.4 因专业工程的类别众多,部分行业对设备材料划分也作了具体规定,本条强调各专业部门或行业可在不违反本条标准设备材料划分原则、设备材料分类的前提下,对专业工程的设备材料划分进行具体的规定,尤其是可对本标准第4章设备材料划分分类规定进行细化。

1.0.5 本条旨在说明本标准和其他标准的关系。

2 术 语

2.0.2 建筑设备:房屋建筑及其附属设备安装工程应作为一个整体,在资产交易时建筑工程属于房产,一般要以整体价值来体现,本条将为房屋建筑及其附属工程中功能服务的电气、采暖、通风空调、给排水、通信及建筑智能等设备均界定为建筑设备。

2.0.4 标准设备:一般以国家或行业规定的产品标准进行批量生产,标准设备也称为定型设备。

2.0.6 工艺性主要材料:本术语是专门用于工程计价中归属于设备的主要材料,泛指在工业、农业、交通、通信、电力、仓储等工程项目中的费用价值占工程费用比重较大,且是构成工艺主要材料的长输管道、长输电缆、长输光纤电缆,以及达到规定规格、压力、材质要求的特殊阀门、装置等。

3 一 般 规 定

3.1 设备材料划分原则

3.1.1 划分设备与材料首先应根据设备供货范围、特性等情况确定,不应单纯就名称硬性确定为设备或材料。

3.1.2 对于成套设备的范围的确定,应根据设备制造厂的文件、采购供应的供货合同范围以及设备制造厂的文件上列出的清单项目确定是否属于设备,凡在设备制造厂的文件上列出的清单项目,且实际供应的,应属于设备范围。

3.1.3 本条明确了设备的分类。

3.1.4 本条明确本标准所指的设备包括建筑设备、工艺设备和工艺性主要材料。其中的工艺设备一般既有通常意义上的按国家或行业规定的产品标准进行批量生产的定型设备,也有进行专门设计后,由设备制造厂家特别制造或分制造,以及由施工企业制作的特殊设备。而工艺性主要材料即本标准特指的工业、农业、交通、通信、电力、仓储等工程项目中的费用价值占工程费用比重较大,且是构成工艺主要材料的长输管道、长输电缆、长输光纤电缆,以及达到规定规格、压力、材质要求特殊阀门、装置等。

3.1.5 本条明确设备的范围除包括设备本体外还包括的内容。附属范围是指随设备同时供应的附件、配件和备件,计量及专用检修设施,一次性油品、药品、填料等。

3.1.6 一般的工业、交通项目中将房屋建筑工程的电梯、空调系统、给排水、通信及建筑智能建筑设备、安装费用纳入建筑工程费,本条规定当生产性建设项目与办公建筑共用电梯、空调系统、给排水、通信及建筑智能等设备时应纳入工艺设备,不再分摊。

3.1.7 本条规定在依照第3.1.1条至第3.1.5条,仍难以区分设备或材料时的设备与材料的划分办法。即凡非现场制作的可界定为设备,部分非现场制作而后进行现场组装的应界定为设备,采购定型产品现场制作的可界定为材料。

3.2 设备材料费用归类与计算

3.2.1 在编制投资估算、工程概算、工程预算等工程计价文件时一般无法明确设备的供应方式,这时建筑设备费用应作为计算营业税、城乡维护建设税及教育费附加的基数,工艺设备和工艺性主要材料费用不应作为计算建筑安装工程营业税、城乡维护建设税及教育费附加的基数。而在编制招标控制价、投标报价、工程结算等文件时,设备的供应方式样已经明确,根据《中华人民共和国营业税条例》的规定,计算营业税时应扣除建设单位供应的设备费,因此,为与税法有关规定相统一,凡明确建设单位供应的设备,可不计算建筑安装工程营业税、城乡维护建设税及教育费附加。

3.2.2 进行工程计价文件编制,凡属于设备范畴的有关费用,包括设备费、设备运杂费等从属费用,均应列入设备购置费;凡属于材料范畴的有关费用,包括材料运杂费、保管费等可按专业类别分别列入建筑工程费或安装工程费。

3.2.3 本条规定了在进行工程计价文件编制时费用归类的原则,工业、交通等项目中的建筑设备购置有关费用应列入建筑工程费。目的是便于技术经济指标的统一。

3.2.4 在建筑设备的条文说明中,明确说明了房屋建筑及其附属建筑设备安装工程应为一个整体,在资产交易时建筑工程属于房产,一般要以整体价值来体现,因此在进行工程计价文件编制时,合理的做法是建筑设备购置有关费用宜列入建筑工程费,但考虑到目前的现状和计价习惯,民用工程项目中单一的房屋建筑工程项目,也可依据地方的有关规定和计价习惯列入设备购置费。

3.2.5 设备安装完成后,因不完整或对设备本身设计、制作进行的缺陷修复而发生的修理、配套、改造、检验费用应并入设备购置费。该费用不包括因制作或安装质量不合格应由保修费用中支付的费用。

4 设备材料划分分类

4.1 通用安装工程设备材料划分

4.1.1 本条对通用设备安装工程,按专业类别进行了划分,包括:机械设备工程,电气设备工程,热力设备工程,炉窑砌筑工程,静置设备及工艺金属结构制作工程,管道工程,电子信息工程,给排水及燃气、采暖工程,通风空调工程,自动化控制仪表工程。

4.1.2 本条及表4.1.1为通用设备安装材料划分的具体规定。

4.2 运输和装运设备材料划分

4.2.1 本条对运输和装运设备进行了分类,包括:车辆及装运设备、工业项目铁路专用线。

4.2.2 本条及表4.2.2为运输和装运设备材料划分的具体规定,其中:工业项目铁路专用线系指工业项目中自建的货物运输专用铁路线。

附录 B

《建筑安装工程费用项目组成》

住房城乡建设部 财政部关于印发
《建筑安装工程费用项目组成》的通知

建标〔2013〕44 号

各省、自治区住房城乡建设厅、财政厅，直辖市建委（建交委）、财政局，国务院有关部门：

为适应深化工程计价改革的需要，根据国家有关法律、法规及相关政策，在总结原建设部、财政部《关于印发〈建筑安装工程费用项目组成〉的通知》（建标〔2003〕206 号）（以下简称《通知》）执行情况的基础上，我们修订完成了《建筑安装工程费用项目组成》（以下简称《费用组成》），现印发给你们。为便于各地区、各部门做好发布后的贯彻实施工作，现将主要调整内容和贯彻实施有关事项通知如下：

一、《费用组成》调整的主要内容：

（一）建筑安装工程费用项目按费用构成要素组成划分为人工费、材料费、施工机具使用费、企业管理费、利润、规费和税金（见附件 1）。

（二）为指导工程造价专业人员计算建筑安装工程造价，将建筑安装工程费用按工程造价形成顺序划分为分部分项工程费、措施项目费、其他项目费、规费和税金（见附件 2）。

（三）按照国家统计局《关于工资总额组成的规定》，合理调整了人工费构成及内容。

（四）依据国家发展改革委、财政部等 9 部委发布的《标准施工招标文件》的有关规定，将工程设备费列入材料费，原材料费中的检验试验费列入企业管理费。

（五）将仪器仪表使用费列入施工机具使用费；大型机械进出场及安拆费列入措施项目费。

（六）按照《社会保险法》的规定，将原企业管理费中劳动保险费中的职工死亡丧葬补助费、抚恤费列入规费中的养老保险费；在企业管理费中的财务费和其他中增加担保费用、投标费、保险费。

（七）按照《社会保险法》、《建筑法》的规定，取消原规费中危险作业意外伤害保险费，增加工伤保险费、生育保险费。

（八）按照财政部的有关规定，在税金中增加地方教育附加。

二、为指导各部门、各地区按照本通知开展费用标准测算等工作，我们对原《通知》中建筑安装工程费用参考计算方法、公式和计价程序等进行了相应的修改完善，统一制订了《建筑安装工程费用参考计算方法》和《建筑安装工程计价程序》（见附件3、附件4）。

三、《费用组成》自 2013 年 7 月 1 日起施行，原建设部、财政部《关于印发〈建筑安装工程费用项目组成〉的通知》（建标〔2003〕206 号）同时废止。

附件：1.建筑安装工程费用项目组成（按费用构成要素划分）

2.建筑安装工程费用项目组成（按造价形成划分）

3.建筑安装工程费用参考计算方法

4.建筑安装工程计价程序

中华人民共和国住房和城乡建设部

中华人民共和国财政部

2013 年 3 月 21 日

江苏省建设工程费用定额（2014年）

目 录

正 文

一、总则

（一）为了规范建设工程计价行为，合理确定和有效控制工程造价，根据《建设工程工程量清单计价规范》（GB 50500—2013）及其9本计算规范和《建筑安装工程费用项目组成》（建标

〔2013〕44 号)等有关规定,结合江苏省实际情况,江苏省住房和城乡建设厅组织编制了《江苏省建设工程费用定额》(以下简称本定额)。

(二)本定额是建设工程编制设计概算、施工图预(结)算、最高投标限价(招标控制价)、标底以及调解处理工程造价纠纷的依据;是确定投标价、工程结算审核的指导;也可作为企业内部核算和制订企业定额的参考。

(三)本定额适用于在江苏省行政区域内新建、扩建和改建的建筑与装饰、安装、市政、仿古建筑及园林绿化、房屋修缮、城市轨道交通工程等,与江苏省现行的建筑与装饰、安装、市政、仿古建筑及园林绿化、房屋修缮、城市轨道交通工程计价表(定额)配套使用,原有关规定与本定额不一致的,按照本定额规定执行。

(四)本定额费用内容是由分部分项工程费、措施项目费、其他项目费、规费和税金组成。其中,安全文明施工措施费、规费和税金为不可竞争费,应按规定标准计取。

(五)包工包料、包工不包料和点工说明:

1. 包工包料:是施工企业承包工程用工、材料、机械的方式。

2. 包工不包料:指只承包工程用工的方式。施工企业自带施工机械和周转材料的工程按包工包料标准执行。

3. 点工:适用于在建设工程中由于各种因素所造成的损失、清理等不在定额范围内的用工。

4. 包工不包料、点工的临时设施应由建设单位(发包人)提供。

(六)本定额由江苏省建设工程造价管理总站负责解释和管理。

二、建设工程费用的组成

建设工程费用由分部分项工程费、措施项目费、其他项目费、规费和税金组成。

(一)分部分项工程费

分部分项工程费是指各专业工程的分部分项工程应予列支的各项费用,由人工费、材料费、施工机具使用费、企业管理费和利润构成。

1. 人工费:是指按工资总额构成规定,支付给从事建筑安装工程施工的生产工人和附属生产单位工人的各项费用。内容包括:

(1)计时工资或计件工资:是指按计时工资标准和工作时间或对已做工作按计件单价支付给个人的劳动报酬。

(2)奖金:是指对超额劳动和增收节支支付给个人的劳动报酬。如节约奖、劳动竞赛奖等。

(3)津贴补贴:是指为了补偿职工特殊或额外的劳动消耗和因其他特殊原因支付给个人的津贴,以及为了保证职工工资水平不受物价影响支付给个人的物价补贴。如流动施工津贴、特殊地区施工津贴、高温(寒)作业临时津贴、高空津贴等。

(4)加班加点工资:是指按规定支付的在法定节假日工作的加班工资和在法定日工作时间外延时工作的加点工资。

(5)特殊情况下支付的工资:是指根据国家法律、法规和政策规定,因病、工伤、产假、计划生育假、婚丧假、事假、探亲假、定期休假、停工学习、执行国家或社会义务等原因按计时工资标准或计时工资标准的一定比例支付的工资。

2. 材料费:是指施工过程中耗费的原材料、辅助材料、构配件、零件、半成品或成品、工程设备的费用。内容包括：

(1) 材料原价：是指材料、工程设备的出厂价格或商家供应价格。

(2) 运杂费：是指材料、工程设备自来源地运至工地仓库或指定堆放地点所发生的全部费用。

(3) 运输损耗费：是指材料在运输装卸过程中不可避免的损耗。

(4) 采购及保管费：是指为组织采购、供应和保管材料、工程设备的过程中所需要的各项费用。包括采购费、仓储费、工地保管费、仓储损耗。

工程设备是指房屋建筑及其配套的构成或计划构成永久工程一部分的机电设备、金属结构设备、仪器装置等建筑设备，包括附属工程中电气、采暖、通风空调、给排水、通信及建筑智能等为房屋功能服务的设备，不包括工艺设备。具体划分标准见《建设工程计价设备材料划分标准》(GB/T 50531—2009)。明确由建设单位提供的建筑设备，其设备费用不作为计取税金的基数。

3. 施工机具使用费：是指施工作业所发生的施工机械、仪器仪表使用费或其租赁费。包含以下内容。

(1) 施工机械使用费：以施工机械台班耗用量乘以施工机械台班单价表示，施工机械台班单价应由下列七项费用组成：

① 折旧费：指施工机械在规定的使用年限内，陆续收回其原值的费用。

② 大修理费：指施工机械按规定的大修理间隔台班进行必要的大修理，以恢复其正常功能所需的费用。

③ 经常修理费：指施工机械除大修理以外的各级保养和临时故障排除所需的费用。包括为保障机械正常运转所需替换设备与随机配备工具附具的摊销和维护费用，机械运转中日常保养所需润滑与擦拭的材料费用及机械停滞期间的维护和保养费用等。

④ 安拆费及场外运费：安拆费指施工机械(大型机械除外)在现场进行安装与拆卸所需的人工、材料、机械和试运转费用以及机械辅助设施的折旧、搭设、拆除等费用；场外运费指施工机械整体或分体自停放地点运至施工现场或由一施工地点运至另一施工地点的运输、装卸、辅助材料及架线等费用。

⑤ 人工费：指机上司机(司炉)和其他操作人员的人工费。

⑥ 燃料动力费：指施工机械在运转作业中所消耗的各种燃料及水、电等。

⑦ 税费：指施工机械按照国家规定应缴纳的车船使用税、保险费及年检费等。

(2) 仪器仪表使用费：是指工程施工所需使用的仪器仪表的摊销及维修费用。

4. 企业管理费：是指施工企业组织施工生产和经营管理所需的费用。内容包括：

(1) 管理人员工资：是指按规定支付给管理人员的计时工资、奖金、津贴补贴、加班加点工资及特殊情况下支付的工资等。

(2) 办公费：是指企业管理办公用的文具、纸张、账表、印刷、邮电、书报、办公软件、监控、会议、水电、燃气、采暖、降温等费用。

(3) 差旅交通费：是指职工因公出差、调动工作的差旅费及住勤补助费，市内交通费和误餐补助费，职工探亲路费，劳动力招募费，职工退休、退职一次性路费，工伤人员就医路费，工地转移费以及管理部门使用的交通工具的油料、燃料等费用。

(4) 固定资产使用费：指企业及其附属单位使用的属于固定资产的房屋、设备、仪器等的折旧、大修、维修或租赁费。

(5) 工具用具使用费：是指企业施工生产和管理使用的不属于固定资产的工具、器具、家具、交通工具和检验、试验、测绘、消防用具等的购置、维修和摊销费,以及支付给工人自备工具的补贴费。

（6）劳动保险和职工福利费：是指由企业支付的职工退职金、按规定支付给离休干部的经费,集体福利费、夏季防暑降温补贴、冬季取暖补贴、上下班交通补贴等。

（7）劳动保护费：是企业按规定发放的劳动保护用品的支出。如工作服、手套、防暑降温饮料、高危险工作工种施工作业防护补贴以及在有碍身体健康的环境中施工的保健费用等。

（8）工会经费：是指企业按《工会法》规定的全部职工工资总额比例计提的工会经费。

（9）职工教育经费：是指按职工工资总额的规定比例计提,企业为职工进行专业技术和职业技能培训,专业技术人员继续教育、职工职业技能鉴定、职业资格认定以及根据需要对职工进行各类文化教育所发生的费用。

（10）财产保险费：指企业管理用财产、车辆的保险费用。

（11）财务费：是指企业为施工生产筹集资金或提供预付款担保、履约担保、职工工资支付担保等所发生的各种费用。

（12）税金：指企业按规定交纳的房产税、车船使用税、土地使用税、印花税等。

（13）意外伤害保险费：企业为从事危险作业的建筑安装施工人员支付的意外伤害保险费。

（14）工程定位复测费：是指工程施工过程中进行全部施工测量放线和复测工作的费用。建筑物沉降观测由建设单位直接委托有资质的检测机构完成,费用由建设单位承担,不包含在工程定位复测费中。

（15）检验试验费：是施工企业按规定进行建筑材料、构配件等试样的制作、封样、送达和其它为保证工程质量进行的材料检验试验工作所发生的费用。不包括新结构、新材料的试验费,对构件(如幕墙、预制桩、门窗)做破坏性试验所发生的试样费用和根据国家标准和施工验收规范要求对材料、构配件和建筑物工程质量检测检验发生的第三方检测费用,对此类检测发生的费用,由建设单位承担,在工程建设其他费用中列支。但对施工企业提供的具有合格证明的材料进行检测不合格的,该检测费用由施工企业支付。

（16）非建设单位所为四小时以内的临时停水停电费用。

（17）企业技术研发费：建筑企业为转型升级、提高管理水平所进行的技术转让、科技研发、信息化建设等费用。

（18）其他：业务招待费、远地施工增加费、劳务培训费、绿化费、广告费、公证费、法律顾问费、审计费、咨询费、投标费、保险费、联防费、施工现场生活用水电费等等。

5.利润：是指施工企业完成所承包工程获得的盈利。

（二）措施项目费

措施项目费是指为完成建设工程施工,发生于该工程施工前和施工过程中的技术、生活、安全、环境保护等方面的费用。

根据现行工程量清单计算规范,措施项目费分为单价措施项目与总价措施项目。

1.单价措施项目是指在现行工程量清单计算规范中有对应工程量计算规则,按人工费、材料费、施工机具使用费、管理费和利润形式组成综合单价的措施项目。单价措施项目根据专业不同,包括项目分别为：

（1）建筑与装饰工程：脚手架工程；混凝土模板及支架(撑)；垂直运输；超高施工增加；大型机械设备进出场及安拆；施工排水、降水。

(2)安装工程:吊装加固;金属抱杆安装、拆除、移位;平台铺设、拆除;顶升、提升装置安装、拆除;大型设备专用机具安装、拆除;焊接工艺评定;胎(模)具制作、安装、拆除;防护棚制作安装拆除;特殊地区施工增加;安装与生产同时进行施工增加;在有害身体健康环境中施工增加;工程系统检测、检验;设备、管道施工的安全、防冻和焊接保护;焦炉烘炉、热态工程;管道安拆后的充气保护;隧道内施工的通风、供水、供气、供电、照明及通讯设施;脚手架搭拆;高层施工增加;其他措施(工业炉烘炉、设备负荷试运转、联合试运转、生产准备试运转及安装工程设备场外运输);大型机械设备进出场及安拆。

(3)市政工程:脚手架工程;混凝土模板及支架;围堰;便道及便桥;洞内临时设施;大型机械设备进出场及安拆;施工排水、降水;地下交叉管线处理、监测、监控。

(4)仿古建筑工程:脚手架工程;混凝土模板及支架;垂直运输;超高施工增加;大型机械设备进出场及安拆;施工降水排水。

园林绿化工程:脚手架工程;模板工程;树木支撑架、草绳绕树干、搭设遮阴(防寒)棚工程;围堰、排水工程。

(5)房屋修缮工程中土建、加固部分单价措施项目设置同建筑与装饰工程;安装部分单价措施项目设置同安装工程。

(6)城市轨道交通工程:围堰及筑岛;便道及便桥;脚手架;支架;洞内临时设施;临时支撑;

施工监测、监控;大型机械设备进出场及安拆;施工排水、降水;设施、处理、干扰及交通导行(混凝土模板及安拆费用包含在分部分项工程中的混凝土清单中)。

单价措施项目中各措施项目的工程量清单项目设置、项目特征、计量单位、工程量计算规则及工作内容均按现行工程量清单计算规范执行。

2.总价措施项目是指在现行工程量清单计算规范中无工程量计算规则,以总价(或计算基础乘费率)计算的措施项目。其中各专业都可能发生的通用的总价措施项目如下:

(1)安全文明施工:为满足施工安全、文明、绿色施工以及环境保护、职工健康生活所需要的各项费用。本项为不可竞争费用。

① 环境保护包含范围:现场施工机械设备降低噪音、防扰民措施费用;水泥和其他易飞扬细颗粒建筑材料密闭存放或采取覆盖措施等费用;工程防扬尘洒水费用;土石方、建渣外运车辆冲洗、防洒漏等费用;现场污染源的控制、生活垃圾清理外运、场地排水排污措施的费用;其他环境保护措施费用。

② 文明施工包含范围:"五牌一图"的费用;现场围挡的墙面美化(包括内外粉刷、刷白、标语等)、压顶装饰费用;现场厕所便槽刷白、贴面砖,水泥砂浆地面或地砖费用,建筑物内临时便溺设施费用;其他施工现场临时设施的装饰装修、美化措施费用;现场生活卫生设施费用;符合卫生要求的饮水设备、淋浴、消毒等设施费用;生活用洁净燃料费用;防煤气中毒、防蚊虫叮咬等措施费用;施工现场操作场地的硬化费用;现场绿化费用、治安综合治理费用、现场电子监控设备费用;现场配备医药保健器材、物品费用和急救人员培训费用;用于现场工人的防暑降温费、电风扇、空调等设备及用电费用;其他文明施工措施费用。

③ 安全施工包含范围:安全资料、特殊作业专项方案的编制,安全施工标志的购置及安全宣传的费用;"三宝"(安全帽、安全带、安全网)、"四口"(楼梯口、电梯井口、通道口、预留洞口)、"五临边"(阳台围边、楼板围边、屋面围边、槽坑围边、卸料平台两侧),水平防护架、垂直防护架、外架封闭等防护的费用;施工安全用电的费用,包括配电箱三级配电、两级保护装置要求、外电防护措施;起重机、塔吊等起重设备(含井架、门架)及外用电梯的安全防护措施(含警示标志)费用

及卸料平台的临边防护、层间安全门、防护棚等设施费用;建筑工地起重机械的检验检测费用;施工机具防护棚及其围栏的安全保护设施费用;施工安全防护通道的费用;工人的安全防护用品、用具购置费用;消防设施与消防器材的配置费用;电气保护、安全照明设施费;其他安全防护措施费用。

④ 绿色施工包含范围:建筑垃圾分类收集及回收利用费用;夜间焊接作业及大型照明灯具的挡光措施费用;施工现场办公区、生活区使用节水器具及节能灯具增加费用;施工现场基坑降水储存使用、雨水收集系统、冲洗设备用水回收利用设施增加费用;施工现场生活区厕所化粪池、厨房隔油池设置及清理费用;从事有毒、有害、有刺激性气味和强光、噪音施工人员的防护器具;现场危险设备、地段、有毒物品存放地安全标志和防护措施;厕所、卫生设施、排水沟、阴暗潮湿地带定期消毒费用;保障现场施工人员劳动强度和工作时间符合国家标准《体力劳动强度等级要求》GB3869 的增加费用等。

(2) 夜间施工:规范、规程要求正常作业而发生的夜班补助、夜间施工降效、夜间照明设施的安拆、摊销、照明用电以及夜间施工现场交通标志、安全标牌、警示灯安拆等费用。

(3) 二次搬运:由于施工场地限制而发生的材料、成品、半成品等一次运输不能到达堆放地点,必须进行的二次或多次搬运费用。

(4) 冬雨季施工:在冬雨季施工期间所增加的费用。包括冬季作业、临时取暖、建筑物门窗洞口封闭及防雨措施、排水、工效降低、防冻等费用。不包括设计要求混凝土内添加防冻剂的费用。

(5) 地上、地下设施、建筑物的临时保护设施:在工程施工过程中,对已建成的地上、地下设施和建筑物进行的遮盖、封闭、隔离等必要保护措施。在园林绿化工程中,还包括对已有植物的保护。

(6) 已完工程及设备保护费:对已完工程及设备采取的覆盖、包裹、封闭、隔离等必要保护措施所发生的费用。

(7) 临时设施费:施工企业为进行工程施工所必需的生活和生产用的临时建筑物、构筑物和其他临时设施的搭设、使用、拆除等费用。

① 临时设施包括:临时宿舍、文化福利及公用事业房屋与构筑物、仓库、办公室、加工厂等。

② 建筑、装饰、安装、修缮、古建园林工程规定范围内(建筑物沿边起 50 米以内,多幢建筑两幢间隔 50 米内)围墙、临时道路、水电、管线和轨道垫层等。

③ 市政工程施工现场在定额基本运距范围内的临时给水、排水、供电、供热线路(不包括变压器、锅炉等设备)、临时道路。不包括交通疏解分流通道、现场与公路(市政道路)的连接道路、道路工程的护栏(围挡),也不包括单独的管道工程或单独的驳岸工程施工需要的沿线简易道路。建设单位同意在施工就近地点临时修建混凝土构件预制场所发生的费用,应向建设单位结算。

(8) 赶工措施费:施工合同工期比我省现行工期定额提前,施工企业为缩短工期所发生的费用。

如施工过程中,发包人要求实际工期比合同工期提前时,由发承包双方另行约定。

(9) 工程按质论价:施工合同约定质量标准超过国家规定,施工企业完成工程质量达到经有关部门鉴定或评定为优质工程所必须增加的施工成本费。

(10) 特殊条件下施工增加费:因地下不明障碍物、铁路、航空、航运等交通干扰而发生的施工降效费用。

总价措施项目中,除通用措施项目外,各专业措施项目如下。

(1) 建筑与装饰工程。

① 非夜间施工照明:为保证工程施工正常进行,在如地下室、地宫等特殊施工部位施工时所采用的照明设备的安拆、维护、摊销及照明用电等费用。

② 住宅工程分户验收：按《住宅工程质量分户验收规程》（DGJ32/TJ103—2010）的要求对住宅工程进行专门验收（包括蓄水、门窗淋水等）发生的费用。室内空气污染测试费用不包含在住宅工程分户验收费用中，由建设单位直接委托检测机构完成，由建设单位承担费用。

（2）安装工程。

① 非夜间施工照明：为保证工程施工正常进行，在如地下（暗）室、设备及大口径管道内等特殊施工部位施工时所采用的照明设备的安拆、维护及照明用电、通风等；在地下（暗）室等施工引起的人工工效降低以及由于人工工效降低引起的机械降效。

② 住宅工程分户验收：按《住宅工程质量分户验收规程》（DGJ 32/TJ103—2010）的要求对住宅工程安装项目进行专门验收发生的费用。

（3）市政工程。

由于施工受行车、行人的干扰导致的人工、机械降效以及为了行车、行人安全而现场增设的维护交通与疏导人员费用。

（4）仿古建筑及园林绿化工程。

① 非夜间施工照明：为保证工程施工正常进行，仿古建筑工程在地下室、地宫等、园林绿化工程在假山石洞等特殊施工部位施工时所采用的照明设备的安拆、维护及照明用电等。

② 反季节栽植影响措施：因反季节栽植在增加材料、人工、防护、养护、管理等方面采取的种植措施以及保证成活率措施。

（三）其他项目费

1. 暂列金额：建设单位在工程量清单中暂定并包括在工程合同价款中的一笔款项。用于施工合同签订时尚未确定或者不可预见的所需材料、工程设备、服务的采购，施工中可能发生的工程变更、合同约定调整因素出现时的工程价款调整以及发生的索赔、现场签证确认等的费用。由建设单位根据工程特点，按有关计价规定估算；施工过程中由建设单位掌握使用，扣除合同价款调整后如有余额，归建设单位。

2. 暂估价：建设单位在工程量清单中提供的用于支付必然发生但暂时不能确定价格的材料的单价以及专业工程的金额。包括材料暂估价和专业工程暂估价。材料暂估价在清单综合单价中考虑，不计入暂估价汇总。

3. 计日工：是指在施工过程中，施工企业完成建设单位提出的施工图纸以外的零星项目或工作所需的费用。

4. 总承包服务费：是指总承包人为配合、协调建设单位进行的专业工程发包，对建设单位自行采购的材料、工程设备等进行保管以及施工现场管理、竣工资料汇总整理等服务所需的费用。总包服务范围由建设单位在招标文件中明示，并且发承包双方在施工合同中约定。

（四）规费

规费是指有权部门规定必须缴纳的费用。

1. 工程排污费：包括废气、污水、固体及危险废物和噪声排污费等内容。

2. 社会保险费：企业应为职工缴纳的养老保险、医疗保险、失业保险、工伤保险和生育保险等五项社会保障方面的费用。为确保施工企业各类从业人员社会保障权益落到实处，省、市有关部门可根据实际情况制定管理办法。

3. 住房公积金：企业应为职工缴纳的住房公积金。

（五）税金

税金是指国家税法规定的应计入建筑安装工程造价内的营业税、城市维护建设税、教育费附加及地方教育附加。

1. 营业税：是指以产品销售或劳务取得的营业额为对象的税种。

2. 城市建设维护税：是为加强城市公共事业和公共设施的维护建设而开征的税，它以附加形式依附于营业税。

3. 教育费附加及地方教育附加：是为发展地方教育事业，扩大教育经费来源而征收的税种。它以营业税的税额为计征基数。

三、工程类别的划分

（一）建筑工程类别划分及说明

1. 建筑工程类别划分表见表 3-1。

表 3-1　建筑工程类别划分表

工　程　类　型			单位	工程类别划分标准		
				一类	二类	三类
工业建筑	单层	檐口高度	m	≥20	≥16	＜16
		跨度	m	≥24	≥18	＜18
	多层	檐口高度	m	≥30	≥18	＜18
民用建筑	住宅	檐口高度	m	≥62	≥34	＜34
		层数	层	≥22	≥12	＜12
	公共建筑	檐口高度	m	≥56	≥30	＜30
		层数	层	≥18	≥10	＜10
构筑物	烟囱	砼结构高度	m	≥100	≥50	＜50
		砖结构高度	m	≥50	≥30	＜30
	水塔	高度	m	≥40	≥30	＜30
	筒仓	高度	m	≥30	≥20	＜20
	贮池	容积（单体）	m³	≥2000	≥1000	＜1000
	栈桥	高度	m	—	≥30	＜30
		跨度	m	—	≥30	＜30
大型机械吊装工程		檐口高度	m	≥20	≥16	＜16
		跨度	m	≥24	≥18	＜18
大型土石方工程		单位工程挖或填土（石）方容量	m³	≥5000		
桩基础工程		预制砼（钢板）桩长	m	≥30	≥20	＜20
		灌注砼桩长	m	≥50	≥30	＜30

2. 建筑工程类别划分说明。

（1）工程类别划分是根据不同的单位工程按施工难易程度，结合我省建筑工程项目管理水平确定的。

（2）不同层数组成的单位工程，当高层部分的面积（竖向切分）占总面积 30% 以上时，按高层的指标确定工程类别，不足 30% 的按低层指标确定工程类别。

（3）建筑物、构筑物高度系指设计室外地面标高至檐口顶标高（不包括女儿墙，高出屋面电梯间、楼梯间、水箱间等的高度），跨度系指轴线之间的宽度。

（4）工业建筑工程：指从事物质生产和直接为生产服务的建筑工程，主要包括生产（加工）车间、工程类别划分标准实验车间、仓库、独立实验室、化验室、民用锅炉房、变电所和其他生产用建筑工程。

（5）民用建筑工程：指直接用于满足人们的物质和文化生活需要的非生产性建筑，主要包括：商住楼、综合楼、办公楼、教学楼、宾馆、宿舍及其他民用建筑工程。

（6）构筑物工程：指与工业与民用建筑工程相配套且独立于工业与民用建筑的工程，主要包括烟囱、水塔、仓类、池类、栈桥等。

（7）桩基础工程：指天然地基上的浅基础不能满足建筑物、构筑物稳定要求而采用的一种深基础。主要包括各种现浇和预制桩。

（8）强夯法加固地基、基础钢筋混凝土支撑和钢支撑均按建筑工程二类标准执行。深层搅拌桩、粉喷桩、基坑锚喷护壁按制作兼打桩三类标准执行。专业预应力张拉施工如主体为一类工程按一类工程取费；主体为二、三类工程均按二类工程取费。钢板桩按打预制桩标准取费。

（9）预制构件制作工程类别划分按相应的建筑工程类别划分标准执行。

（10）与建筑物配套的零星项目，如化粪池、检查井、围墙、道路、下水道、挡土墙等，均按三类标准执行。

（11）建筑物加层扩建时要与原建筑物一并考虑套用类别标准。

（12）确定类别时，地下室、半地下室和层高小于 2.2 米的楼层均不计算层数。空间可利用的坡屋顶或顶楼的跃层，当净高超过 2.1 米部分的水平面积与标准层建筑面积相比达到 50% 以上时应计算层数。底层车库（不包括地下或半地下车库）在设计室外地面以上部分不小于 2.2 米时，应计算层数。

（13）基槽坑回填砂、灰土、碎石工程量不执行大型土石方工程，按相应的主体建筑工程类别标准执行。

（14）凡工程类别标准中，有两个指标控制的，只要满足其中一个指标即可按该指标确定工程类别。

（15）单独地下室工程按二类标准取费，如地下室建筑面积 ≥10 000 m² 则按一类标准取费。

（16）有地下室的建筑物，工程类别不低于二类。

（17）多栋建筑物下有连通的地下室时，地上建筑物的工程类别同有地下室的建筑物；其地下室部分的工程类别同单独地下室工程。

（18）桩基工程类别有不同桩长时，按照超过 30% 根数的设计最大桩长为准。同一单位工程内有不同类型的桩时，应分别计算。

（19）施工现场完成加工制作的钢结构工程费用标准按照建筑工程执行。

（20）加工厂完成制作，到施工现场安装的钢结构工程（包括网架屋面），安全文明施工措施费按单独发包的构件吊装标准执行。加工厂为施工企业自有的，钢结构除安全文明施工措施费外,其他费用标准按建筑工程执行。钢结构为企业成品购入的,钢结构以成品预算价格计入材料费,费用标准按照单独发包的构件吊装工程执行。

（21）在确定工程类别时,对于工程施工难度很大的(如建筑造型、结构复杂,采用新的施工工艺的工程等),以及工程类别标准中未包括的特殊工程,如展览中心、影剧院、体育馆、游泳馆等,由当地工程造价管理机构根据具体情况确定,报上级造价管理机构备案。

(二)单独装饰工程类别划分及说明

1. 单独装饰工程是指建设单位单独发包的装饰工程,不分工程类别。
2. 幕墙工程按照单独装饰工程取费。

(三)安装工程类别划分及说明

1. 安装工程类别划分表见表 3-2。

表 3-2　安装工程类别划分表

一 类 工 程

（1）10 kV 变配电装置。
（2）10 kV 电缆敷设工程或实物量在 5 km 以上的单独 6 kV(含 6 kV)电缆敷设分项工程。
（3）锅炉单炉蒸发量在 10 t/h(含 10 t/h)以上的锅炉安装及其相配套的设备、管道、电气工程。
（4）建筑物使用空调面积在 15 000 m² 以上的单独中央空调分项安装工程。
（5）建筑物使用通风面积在 15 000 m² 以上的通风工程。
（6）运行速度在 1.75 m/s 以上的单独自动电梯分项安装工程。
（7）建筑面积在 15 000 m² 以上的建筑智能化系统设备安装工程和消防工程。
（8）24 层以上的水电安装工程。
（9）工业安装工程一类工程项目(见表 3-3)。

二 类 工 程

（1）除一类范围以外的变配电装置和 10 kV 以内架空线路工程。
（2）除一类范围以外且在 400 V 以上的电缆敷设工程。
（3）除一类范围以外的各类工业设备安装、车间工艺设备安装及其相配套的管道、电气工程。
（4）锅炉单炉蒸发量在 10 t/h 以内的锅炉安装及其相配套的设备、管道、电气工程。
（5）建筑物使用空调面积在 15 000 m² 以内,5000 m² 以上的单独中央空调分项安装工程。
（6）建筑物使用通风面积在 15 000 m² 以内,5000 m² 以上的通风工程。
（7）除一类范围以外的单独自动扶梯、自动或半自动电梯分项安装工程。
（8）除一类范围以外的建筑智能化系统设备安装工程和消防工程。
（9）8 层以上或建筑面积在 10 000 m² 以上建筑的水电安装工程。

三 类 工 程

除一、二类范围以外的其他各类安装工程。

2. 工业安装工程一类工程项目表见表 3-3。

表 3-3　工业安装工程一类工程项目表

（1）洁净要求不小于一万级的单位工程。

（2）焊口有探伤要求的工艺管道、热力管道、煤气管道、供水（含循环水）管道等工程。

（3）易燃、易爆、有毒、有害介质管道工程（GB5044职工性接触毒物危害程度分级）。

（4）防爆电气、仪表安装工程。

（5）各种类气罐、不锈钢及有色金属贮罐。碳钢贮罐容积单只≥1000 m²。

（6）压力容器制作安装。

（7）设备单重≥10 t/台或设备本体高度≥10 m。

（8）空分设备安装工程。

（9）起重运输设备：

　　① 双梁桥式起重机：起重量≥50/10 t或轨距≥21.5 m或轨道高度≥15 m

　　② 龙门式起重机：起重量≥20 t

　　③ 皮带运输机：a. 宽≥650 mm　斜度≥10°；

　　　　　　　　　　 b. 宽≥650 mm　总长度≥50 m；

　　　　　　　　　　 c. 宽≥1000 mm。

（10）锻压设备：

　　① 机械压力：压力≥250 t；

　　② 液压机：压力≥315 t；

　　③ 自动锻压机：压力≥5 t。

（11）塔类设备安装工程。

（12）炉窑类：①回转窑：直径≥1.5 m；

　　　　　　　 ②各类含有毒气体炉窑。

（13）总实物量超过 50 m² 的炉窑砌筑工程。

（14）专业电气调试（电压等级在 500 V 以上）与工业自动化仪表调试。

（15）公共安装工程中的煤气发生炉、液化站、制氧站及其配套的设备、管道、电气工程。

---

3. 安装工程类别划分说明。

（1）安装工程以分项工程确定工程类别。

（2）在一个单位工程中有几种不同类别组成，应分别确定工程类别。

（3）改建、装修工程中的安装工程参照相应标准确定工程类别。

（4）多栋建筑物下有连通的地下室或单独地下室工程，地下室部分水电安装按二类标准取费，如果地下室建筑面积≥10 000 m²，则地下室部分水电安装按一类标准取费。

（5）楼宇亮化、室外泛光照明工程按照安装工程三类取费。

（6）上表中未包括的特殊工程，如影剧院、体育馆等，由当地工程造价管理机构根据工程实际情况予以核定，并报上级造价管理机构备案。

（四）市政工程类别划分及说明

1. 市政工程类别划分表见表 3-4。

表 3-4 市政工程类别划分表

序号	项	目	单 位	一类工程	二类工程	三类工程
一	道路工程	结构层厚度	cm	≥65	≥55	＜55
		路幅宽度	m	≥60	≥40	＜40
二	桥梁工程	单跨长度	m	≥40	≥20	＜20
		桥梁总长	m	≥200	≥100	＜100
三	排水工程	雨水管道直径	mm	≥1500	≥1000	＜1000
		污水管道直径	mm	≥1000	≥600	＜600
四	水工构筑物（设计能力）	泵站（地下部分）	万吨/日	≥20	≥10	＜10
		污水处理厂（池类）	万吨/日	≥10	≥5	＜5
		自来水厂（池类）	万吨/日	≥20	≥10	＜10
五	防洪堤挡土墙	实浇（砌）体积	m²	≥3500	≥2500	＜2500
		高度	m	≥4	≥3	＜3
六	给水工程	主管直径	mm	≥1000	≥800	＜800
七	燃气与集中供热工程	主管直径	mm	≥500	≥300	＜300
八	大型土石方工程	挖或填土（石）方容量	m²	≥5000		

2. 市政工程类别划分说明。

（1）工程类别划分是根据不同的标段内的单位工程的施工难易程度等,结合市政工程实际情况划分确定的。

（2）工程类别划分以标段内的单位工程为准,一个单项工程中如有几个不同类别的单位工程组成,其工程类别分别确定。

（3）单位工程的类别划分按主体工程确定,附属工程按主体工程类别取定。

（4）通用项目的类别划分按主体工程确定。

（5）凡工程类别标准中,道路工程、防洪堤防、挡土墙、桥梁工程有两个指标控制的必须同时满足两个指标确定工程类别。

（6）道路路幅宽度为包含绿岛及人行道宽度即总宽度,结构层厚度指设计标准横断面厚度。

（7）道路改造工程按改造后的道路路幅宽度标准确定工程类别。

（8）桥梁的总长度是指两个桥台结构最外边线之间的长度。

（9）排水管道工程按主干管的管径确定工程类别。主干管是指标段内单位工程中长度最长的干管。

（10）箱涵、方涵套用桥梁工程三类标准。

（11）市政隧道工程套用桥梁工程二类标准。

（12）10 000 平方米以上广场为道路二类,以下为道路三类。

（13）土石方工程量包含弹软土基处理、坑槽内实体结构以上路基部位(不包括道路结构层部分)的多合土、砂、碎石回填工程量。大型土石方应按标段内的单位工程进行划分。

(14)上表中未包括的市政工程,其工程类别由当地工程造价管理机构根据实际情况予以核定,并报上级工程造价管理机构备案。

(五)仿古建筑及园林绿化工程类别划分及说明

1. 仿古建筑及园林绿化工程类别划分表见表3-5。

表 3-5 仿古建筑及园林绿化工程类别划分表

序号	项目(单位)		类别	一类	二类	三类
一	楼阁	单层	屋面形式	重檐或斗拱	—	—
	庙宇		建筑面积(m²)	≥500	≥150	<150
	厅堂	多层	屋面形式	重檐或斗拱	—	—
	廊		建筑面积(m²)	≥800	≥300	<300
二	古塔(高度/m)			≥25	<25	—
三	牌楼			有斗拱	—	无斗拱
四	城墙(高度/m)			≥10	≥8	<8
五	牌科墙门、砖细照墙			有斗拱	—	—
六	亭			重檐亭	其他亭、水榭	—
				海棠亭		
七	古戏台			有斗拱	无斗拱	—
八	船舫			船舫	—	—
九	桥			≥三孔拱桥	≥单孔拱桥	平桥
十	大型土石方工程			挖或填土(石)方容量≥5000 m²		
十一	园林工程	公园广场	园路、园桥、园林小品及绿化部分占地面积(m²)	≥20000	≥10000	<10000
		庭园		≥2000	≥1000	<1000
		屋顶		≥500	≥300	<300
		道路及其他		≥8000	≥4000	<4000

2. 仿古建筑及园林绿化工程类别划分说明。

工程类别划分是根据不同的单位工程,按施工难易程度,结合我省建筑市场近年来施工项目的实际情况确定。

(1)仿古建筑工程:指仿照古代式样而运用现代结构材料技术建造的建筑工程。例如宫殿、寺庙、楼阁、厅堂、古戏台、古塔、牌楼(牌坊)、亭、船舫等。

(2)园林绿化工程:指公园、庭园、游览区、住宅小区、广场、厂区等处的园路、园桥、园林小品及绿化,市政工程项目中的景观及绿化工程等。本费用计算规则不适用于大规模的植树造林以及苗圃内项目。

（3）古塔高度是指设计室外地面标高至塔刹（宝顶）顶端高度。城墙高度是指设计室外地面标高至城墙墙身顶面高度，不包括垛口（女儿墙）高度。

（4）园林工程的占地面积为标段内设计图示园路、园桥、园林小品及绿化部分的占地面积，其中包含水面面积。小区内绿化按园林工程中公园广场的工程类别划分标准执行。市政道路工程中的景观绿化工程占地面积以绿地面积为准。

（5）树坑挖土、园林小品的土方项目不属于大型土石方工程项目。

（6）预制构件制作工程类别划分按相应的仿古建筑工程标准执行。

（7）与仿古建筑物配套的零星项目，如围墙等按相应的主体仿古建筑工程类别标准确定。

（8）工程类别划分标准中未包括的仿古建筑按照三类工程标准执行。

（9）工程类别标准中，有两个指标控制的，只要满足其中一个指标即可按该指标确定工程类别。

（10）工程类别标准中未包括的特殊工程，由当地工程造价管理部门根据具体情况确定，报上级工程造价管理部门备案。

（六）房屋修缮工程类别划分及说明

房屋修缮工程不分工程类别。

（七）城市轨道交通工程类别划分及说明

城市轨道交通工程不分工程类别。各单位工程设置如下。

1. 土建工程。

（1）高架及地面工程：适用于高架及地面车站、区间、车辆段、停车场等土建工程，其中的大型土石方工程除外。

（2）隧道工程（明挖法）：适用于采用明挖法施工的地下区间土建工程，其中的大型土石方工程除外。

（3）隧道工程（矿山法）：适用于采用矿山法施工的地下区间联络通道、过街通道及车站土建工程。

（4）隧道工程（盾构法）：适用于采用盾构法施工的地下区间土建工程。

（5）地下车站工程：适用于地下车站、出入口及通风道等土建工程。

（6）大型土石方工程一：适用于高架及地面工程、不带支撑的明挖区间、放坡（土钉支撑）开挖的车站土建工程中每个标段中挖或填土（石）方容量大于5000立方米的土石方工程。

（7）大型土石方工程二：适用于采用钢或混凝土支撑的明挖区间或车站土建工程中每个标段中挖或填土（石）方容量大于5000立方米的土石方工程。

2. 轨道工程：适用于轨道正线、折返线、停车线、渡线及车辆段、停车场与综合基地库内外线、出入段线等线路的所有道床与轨道铺设相关工程。

3. 安装工程。

（1）通信、信号工程：适用于城市轨道交通工程中通信、信号系统的线路敷设、支架及所有相关设备安装工程。

（2）供电工程：适用于城市轨道交通工程中35 kV及以下变电所、杂散电流、电力监控、接触轨、刚性与柔性接触网、电缆、动力照明、防雷及接地装置等与供电系统相关的所有线缆敷设与设备安装工程。

（3）智能与控制系统工程：适用于城市轨道交通工程中的综合监控系统、环境与机电设备监控系统、火灾报警系统、旅客信息系统、安全防范系统、不间断电源系统、自动售检票系统安装工程。

（4）机电工程：适用于城市轨道交通工程中通风空调、给排水、电梯及自动扶梯、屏蔽门及安全门、人防门及防淹门等安装工程。

（八）各专业工程交叉时的类别划分及说明

1. 电力管沟、弱电管沟（不包括穿线）如在小区、厂区范围内，按照建筑工程三类执行；如在市政道路范围内，按市政排水工程三类执行。

2. 专业工程中涉及修缮、加固部分，应另列单位工程费计价表：有专业加固资质的，加固部分按加固工程取费，修缮部分按修缮工程取费；无专业加固资质的，修缮、加固部分按修缮工程取费。

3. 在厂区、园区及小区内的道路，如按市政规范标准设计时，按市政道路工程取费；未明确时，按照土建工程三类取费。

四、工程费用取费标准及有关规定

（一）企业管理费、利润取费标准及规定

1. 企业管理费、利润计算基础按本定额规定执行。
2. 包工不包料、点工的管理费和利润包含在工资单价中。

企业管理费、利润标准见表 4-1 至表 4-7。

表 4-1　建筑工程企业管理费和利润取费标准表

序号	项目名称	计算基础	企业管理费率/（%）			利润率/（%）
			一类工程	二类工程	三类工程	
一	建筑工程	人工费＋施工机具使用费	31	28	25	12
二	单独预制构件制作		15	13	11	6
三	打预制桩、单独构件吊装		11	9	7	5
四	制作兼打桩		15	13	11	7
五	大型土石方工程		6			4

表 4-2　单独装饰工程企业管理费和利润取费标准表

序号	项目名称	计算基础	企业管理费率/（%）	利润率/（%）
一	单独装饰工程	人工费＋施工机具使用费	42	15

表 4-3　安装工程企业管理费和利润取费标准表

序号	项目名称	计算基础	企业管理费率/（%）			利润率/（%）
			一类工程	二类工程	三类工程	
一	安装工程	人工费	47	43	39	14

表4-4　市政工程企业管理费和利润取费标准表

序号	项目名称	计算基础	企业管理费率/(%)			利润率/(%)
			一类工程	二类工程	三类工程	
一	通用项目、道路、排水工程	人工费＋施工机具使用费	25	22	19	10
二	桥梁、水工构筑物	人工费＋施工机具使用费	33	30	27	10
三	给水、燃气与集中供热	人工费	44	40	36	13
四	路灯及交通设施工程	人工费		42		13
五	大型土石方工程	人工费＋施工机具使用费		6		4

表4-5　仿古建筑及园林绿化工程企业管理费和利润取费标准表

序号	项目名称	计算基础	企业管理费率/(%)			利润率/(%)
			一类工程	二类工程	三类工程	
一	仿古建筑工程	人工费＋施工机具使用费	47	42	37	12
二	园林绿化工程	人工费	29	24	19	14
三	大型土石方工程	人工费＋施工机具使用费		6		4

表4-6　房屋修缮工程企业管理费和利润取费标准表

序号	项目名称		计算基础	企业管理费率/(%)	利润率/(%)
一	修缮工程	建筑工程部分	人工费＋施工机具使用费	25	12
二		安装工程部分	人工费	43	14
三	单独拆除工程		人工费＋施工机具使用费	10	5
四	单独加固工程			35	12

表4-7　城市轨道交通工程企业管理费和利润取费标准表

序号	项目名称	计算基础	企业管理费率/(%)	利润率/(%)
一	高架及地面工程		33	10
二	隧道工程(明挖法)及地下车站工程		35	10
三	隧道工程(矿山法)	人工费＋施工机具使用费	28	10
四	隧道工程(盾构法)		20	8
五	轨道工程		58	12
六	安装工程	人工费	43	14
七	大型土石方工程一	人工费＋施工机具使用费	8	5
	大型土石方工程二	人工费＋施工机具使用费	13	6

(二)措施项目取费标准及规定

1. 单价措施项目以清单工程量乘以综合单价计算。综合单价按照各专业计价定额中的规定,依据设计图纸和经建设方认可的施工方案进行组价。

2. 总价措施项目中部分以费率计算的措施项目费率标准见表4-8和表4-9,其计费基础为:分部分项工程费-工程设备费+单价措施项目费;其他总价措施项目,按项计取,综合单价按实际或可能发生的费用进行计算。

表4-8　措施项目费取费标准表

项目	计算基础	各专业工程费率/(%)							
		建筑工程	单独装饰	安装工程	市政工程	修缮土建(修缮安装)	仿古(园林)	城市轨道交通	
								土建轨道	安装
夜间施工	分部分项工程费+单价措施项目费-工程设备费	0~0.1	0~0.1	0~0.1	0.05~0.15	0~0.1	0~0.1	0~0.15	
非夜间施工照明		0.2	0.2	0.3	—	0.2(0.3)	0.3	—	
冬雨季施工		0.05~0.2	0.05~0.1	0.05~0.1	0.1~0.3	0.05~0.2	0.05~0.2	0~0.1	
已完工程及设备保护		0~0.05	0~0.1	0~0.05	0~0.02	0~0.05	0~0.1	0~0.02	0~0.05
临时设施		1~2.2	0.3~1.2	0.6~1.5	1~2	1~2(0.6~1.5)	1.5~2.5(0.3~0.7)	0.5~1.5	
赶工措施		0.5~2	0.5~2	0.5~2	0.5~2	0.5~2	0.5~2	0.4~1.2	
按质论价		1~3	1~3	1~3	0.8~2.5	1~2	1~2.5	0.5~1.5	
住宅分户验收		0.4	0.1	0.1	—	—	—	—	

注:①在计取非夜间施工照明费时,建筑工程、仿古工程、修缮土建部分仅地下室(地宫)部分可计取;单独装饰、安装工程、园林绿化工程、修缮安装部分仅特殊施工部位内施工项目可计取。

②在计取住宅分户验收时,大型土石方工程、桩基工程和地下室部分不计入计费基础。

(三)其他项目取费标准及规定

1. 暂列金额、暂估价按发包人给定的标准计取。

2. 计日工:由发承包双方在合同中约定。

3. 总承包服务费:应根据招标文件列出的内容和向总承包人提出的要求,参照下列标准计算:

(1)建设单位仅要求对分包的专业工程进行总承包管理和协调时,按分包的专业工程估算造价的1%计算;

(2)建设单位要求对分包的专业工程进行总承包管理和协调,并同时要求提供配合服务时,根据招标文件中列出的配合服务内容和提出的要求,按分包的专业工程估算造价的2%～3%计算。

表 4-9 安全文明施工措施费取费标准表

序号	工程名称		计费基础	基本费率/(%)	省级标化增加费/(%)
一	建筑工程	建筑工程	分部分项工程费＋单价措施项目费－工程设备费	3.0	0.7
		单独构件吊装		1.4	—
		打预制桩/制作兼打桩		1.3/1.8	0.3/0.4
二	单独装饰工程			1.6	0.4
三	安装工程			1.4	0.3
四	市政工程	通用项目、道路、排水工程		1.4	0.4
		桥涵、隧道、水工构筑物		2.1	0.5
		给水、燃气与集中供热		1.1	0.3
		路灯及交通设施工程		1.1	0.3
五	仿古建筑工程			2.5	0.5
六	园林绿化工程			0.9	—
七	修缮工程			1.4	—
八	城市轨道交通工程	土建工程		1.8	0.4
		轨道工程		1.1	0.2
		安装工程		1.3	0.3
九	大型土石方工程			1.4	—

注:①对于开展市级建筑安全文明施工标准化示范工地创建活动的地区,市级标化增加费按照省级费率乘以0.7系数执行。

②建筑工程中的钢结构工程,钢结构为施工企业成品购入或加工厂完成制作,到施工现场安装的,安全文明施工措施费率标准按单独发包的构件吊装工程执行。

③大型土石方工程适用于各专业中达到大型土石方标准的单位工程。

(四)规费取费标准及有关规定

1. 工程排污费:按工程所在地环境保护等部门规定的标准缴纳,按实计取列入。
2. 社会保险费及住房公积金按表4-10标准计取。

表 4-10　社会保险费及公积金取费标准表

序号	工程类别		计费基础	社会保险费率/(%)	公积金费率/(%)
一	建筑工程	建筑工程	分部分项工程费＋措施项目费＋其他项目费－工程设备费	3	0.5
		单独预制构件制作、单独构件吊装、打预制桩、制作兼打桩		1.2	0.22
		人工挖孔桩		2.8	0.5
二	单独装饰工程			2.2	0.38
三	安装工程			2.2	0.38
四	市政工程	通用项目、道路、排水工程		1.8	0.31
		桥涵、隧道、水工构筑物		2.5	0.44
		给水、燃气与集中供热、路灯及交通设施工程		1.9	0.34
五	仿古建筑与园林绿化工程			3	0.5
六	修缮工程			3.5	0.62
七	单独加固工程			3.1	0.55
八	城市轨道交通工程	土建工程		2.5	0.44
		隧道工程(盾构法)		1.8	0.30
		轨道工程		2.0	0.32
		安装工程		2.2	0.38
九	大型土石方工程			1.2	0.22

注:①社会保险费包括养老保险费、失业保险费、医疗保险费、工伤保险费、生育保险费。

②点工和包工不包料的社会保险费和公积金已经包含在人工工资单价中。

③大型土石方工程适用各专业中达到大型土石方标准的单位工程。

④社会保险费费率和公积金费率将随着社保部门要求和建设工程实际缴纳费率的提高,适当调整。

（五）税金计算标准及有关规定

税金包括营业税、城市建设维护税、教育费附加,按有权部门规定计取。

工程量清单法计算程序见表 4-11 和表 4-12。

表 4-11 （一）工程量清单法计算程序（包工包料）

序号	费用名称		计算公式
一		分部分项工程费	清单工程量×综合单价
	其中	1.人工费	人工消耗量×人工单价
		2.材料费	材料的消耗量×材料单价
		3.施工机具使用费	机械消耗量×机械单价
		4.管理费	(1＋3)×费率或(1)×费率
		5.利润	(1＋3)×费率或(1)×费率
二		措施项目费	
	其中	单价措施项目费	清单工程量×综合单价
		总价措施项目费	(分部分项工程费＋单价措施项目费－工程设备费)×费率或以项计算
三		其他项目费	
四		规费	
	其中	1.工程排污费	
		2.社会保险费	(一＋二＋三－工程设备费)×费率
		3.住房公积金	
五		税金	(一＋二＋三＋四－按规定不计税的工程设备金额)×费率
六		工程造价	一＋二＋三＋四＋五

表 4-12 （二）工程量清单法计算程序（包工不包料）

序号	费用名称		计算公式
一		分部分项工程费中人工费	清单人工消耗量×人工单价
二		措施项目费中人工费	
	其中	单价措施项目中人工费	清单人工消耗量×人工单价
三		其他项目费	
四		规费	
	其中	工程排污费	(一＋二＋三)×费率
五		税金	(一＋二＋三＋四)×费率
六		工程造价	一＋二＋三＋四＋五

各种常用阀门结构及图片

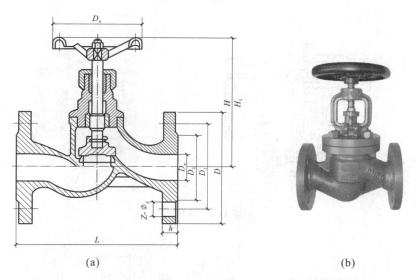

(a) (b)

附图 D-1 截止阀

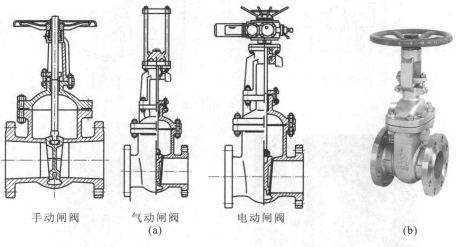

手动闸阀 气动闸阀 电动闸阀
(a) (b)

附图 D-2 闸阀

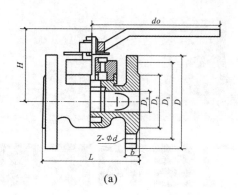

(a)

(b)

附图 D-3 旋塞阀

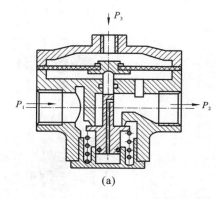

(a)

(b)

附图 D-4 减压阀

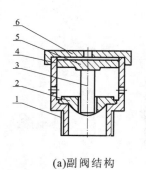
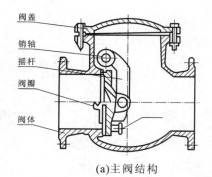

(a)副阀结构

(a)主阀结构

附图 D-5 止回阀

附图 D-6 波形补偿器

附图 D-7 套筒式补偿器

参 考 文 献

[1] 熊德敏.安装工程定额与预算[M].北京:高等教育出版社,2012.

[2] 曹丽君.安装工程预算与清单报价[M].北京:机械工业出版社,2011.

[3] 刘耀华.施工技术及组织(建筑设备)[M].北京:中国建筑工业出版社,1992.